科普原创资助专项
河北省科学技术厅
项目编号：18K576167D

科学之旅
——万里长城

丛书主编　苑社民
本册主编　木艳敏

东北大学出版社
·沈　阳·

图书在版编目（CIP）数据

万里长城 / 木艳敏主编 .— 沈阳 : 东北大学出版社，2018.6
（科学之旅 / 苑社民总主编）
ISBN 978-7-5517-1930-8

Ⅰ.①万… Ⅱ.①木… Ⅲ.①长城—青少年读物
Ⅳ.① K928.77-49

中国版本图书馆 CIP 数据核字（2018）第 148934 号

出 版 者：东北大学出版社
地址：沈阳市和平区文化路三号巷 11 号
邮编：110819
电话：024-83687331（市场部）　83680267（社务部）
传真：024-83680180（市场部）　83687332（社务部）
网址：http：//www. neupress. com
E-mail：neuph@ neupress. com
印 刷 者：辽宁星海彩色印刷有限公司
发 行 者：东北大学出版社
幅面尺寸：145mm × 210mm
印　　张：2
字　　数：52 千字
出版时间：2018 年 6 月第 1 版
印刷时间：2018 年 6 月第 1 次印刷
责任编辑：潘佳宁　张德喜
责任校对：罗　鑫
封面设计：潘正一

ISBN 978-7-5517-1930-8　　定　价：60.00 元（总）

科学之旅——万里长城

1. 执笔人——木艳敏

木艳敏，女，2001 年 9 月参加工作，本科学历。积极参与小学语文教育教学的实践与研究，教学成绩突出；所讲授的《生命，生命》《地震中的父与子》、《花的勇气》等 22 节课被评为省、市级优质课；主持研究的《135 互动课堂中巧设写话训练提升习作水平的实践与研究》荣获优秀教科研一等奖；参与的 6 项研究课题已结题；多次荣获师德标兵、优秀教师、骨干教师、优秀班主任等荣誉称号。

寄语：自信，是迈向成功的第一步！书籍，是打开幸福之门的金钥匙！

序

preface

千古一帝东寻仙，东临碣石魏武帝，白浪滔天，鸥鸟铺天际。

看海观鸟，探地质阅长城，徒步秦皇岛科普基地。一趟科学之旅，将开启青少年不一样的旅行。全新的“地理文化＋科技体验＋互动娱乐”研学旅游模式，将带你于实践中、书香中探索秘密。

“科学之旅”丛书，由河北省科学技术协会、秦皇岛市科学技术协会、秦皇岛市示范科普基地共同组织编写。这是一套面向青少年的研学旅游科普读物，是青少年了解和学习海洋、地质、鸟类及长城历史的绝佳读物。丛书图文并茂，科学翔实，简单易懂。轻翻书页，徒步科普基地，沉浸在包罗万象的博物馆中。

本套丛书共四册：《科学之旅——万里长城》《科学之旅——地质之美》《科学之旅——观鸟日记》《科学之旅——海洋精灵》。每册分为知识篇与实践篇两个部分，将科普读物与科普基地有机融合起来，内容概要如下：

第一册《科学之旅——万里长城》。以秦皇岛长城之首——老龙头——为参观基地，介绍长城历史、构造、作用及著名的长城遗迹，将这座伟大的建筑全方位地展现给青少年读者。

第二册《科学之旅——地质之美》。以全国科普教育基地——秦皇岛柳江盆地地质博物馆——为参观基地，了解地球原貌及漫长的历史，揭开隐藏在地表下的秘密，教你辨别岩石、玉石、化石等不同的石头。

第三册《科学之旅——观鸟日记》。以北戴河翼展鸟类救养中心为参观基地，选出100种有代表性的中国鸟种，编辑成观鸟指南，并附有剪影图索引和观鸟地图，便于青少年在野外或室内查阅、比对，走进形形色色的鸟类世界。

第四册《科学之旅——海洋精灵》。以秦皇岛新奥海底世界为参观基地，探寻深海海底宝藏，零距离接触海洋精灵，寻找新型能源……并认识到污染

海洋的严重后果，学会保护海洋。

孩子宅在家里打游戏，窝在沙发上玩手机，是家长和老师最不愿看到的景象。走出家门，走向大自然，徒步旅行进行科学探究，是孩子们度假游学的最佳选择。然而，如果孩子没有一定的知识储备，无论走多久走多远，也无从深入了解“人与自然和谐相处”的精髓，旅行的收获也会大打折扣。

幸好，精典读本“科学之旅”系列丛书，为青少年研学旅行提供了知识指南和借鉴，鼓励并指导孩子们用明亮的眼睛去看世界，用稚嫩的手去触碰世界，与科普基地、与大自然融为一体。孩子们通过系列阅读和科学探究，必将开拓创新思维，培养创新意识，全面提高科学素质，感悟大自然的力量。

当科学少年遇到科普基地，会碰撞出哪些意想不到的火花呢？

山河壮，少年强！自然美，少年智！赶快跟着科学去旅行吧！

苑社民

2018 年 5 月

目 录

contents

第一篇

DI YI PIAN

认识长城

长城像一条巨龙蜿蜒盘旋在中国大地上，是我们中华民族的骄傲与象征。雄伟壮观的万里长城是人类建筑史上罕见的古代军事防御工程，它凝聚着古代劳动人民的血汗和智慧；它以悠久的历史、浩大的工程、雄伟的气魄著称于世；它与埃及的金字塔、印度的泰姬陵等一起被誉为世界的奇迹。今天让我们走近它，揭开长城神秘的面纱！

1. 长城的修筑史

(1) 早期长城

我国早期的长城主要作用是在战争过程中防御敌人的进攻。春秋战国时期，楚、秦、齐、燕、赵、魏、韩等诸侯国都有修筑，当时人们把这种看起来高高长长的城墙叫“长城”、“长垣”或“方城”。

(2) 秦汉万里长城

秦汉时期，中国第一次出现了东西相望、绵延无垠的万里长城，这是中国长城建筑史上第一个里程碑。

(3) 北魏长城

北魏时期，鲜卑族的北魏王朝修筑长城是为了防御柔然的攻击。在历史记载中，北魏王朝曾两次修筑长城，第一次是公元423年，筑长城东起今河北赤城，西至内蒙古五原境内；第二次是公元446年，修“畿上塞图”，东起上谷西至黄河，南北两道长城，环卫当时的帝都平城。

(4) 北齐与北周长城

北齐时期，高洋建立的北齐政权为防止西魏、北周和柔然、契丹等马上民族的进攻，共六次修筑长城。据相关史料记载，每修一次就需要动用士兵和民众180余万人。此时的长城西起冀西黄栌岭，东至碣石（今山海关附近），共1500千米，构成了后来北周、隋和明代蓟镇长城的基础。公元579年，北周将长城的西边延长到雁门。

(5) 隋代长城

据史料记载，隋代曾先后七次大规模地修筑长城。隋代长城大多是在前朝旧塞的基础上加以修缮而成的，在现在的陕西、内蒙古河套一带我们仍能找到其遗迹。隋代修筑长城的特点是修筑次数多、动用人数多、作业时间短，因此隋代的长城相比前朝的质量差。

(6) 金代长城

女真族建立的金王朝为了防御蒙古骑兵，修筑了被称为“界壕”的草原地带长城，称为“金长城”。金长城修筑于大兴安岭南北两侧，总长近 5000 千米。金长城的特征是双堑、重壕、主墙设“马面”（凸于墙外的部分），在中国长城修筑史上具有开创性意义。

(7) 明代万里长城

公元 1368 年，朱元璋推翻元朝统治，建立了明王朝。为了防止蒙元势力袭扰和女真族政权的威胁，明朝 276 年之间从未停止过修筑长城。在不断的发展演变过程中，明代长城修建水平达到了一个巅峰，此时的长城东起鸭绿江畔，西至祁连大漠，横亘 8851.8 千米。

(8) 唐宋元及清代局部长城

唐、宋、元、清等诸朝，长城修筑的规模较小，且多为局部修筑，仅是我国长城建筑史上的一个补充。这些时期不再大修长城，其原因有版图的变化，也有统治者政治上的主观考虑等。

2. 长城的军事作用

长城作用于古代军事斗争主要体现在两个方面：一是对进犯者的有效防御；二是对来犯之敌的心理威慑。

（1）有效防御

长城针对游牧民族的攻击形成了有效的防御。游牧民族在战争中的方法和策略主要是实施集团冲击，而像长城这样的高墙堡垒，是阻挡骑兵最有效的办法。

（2）心理威慑

据史料记载，历史上注重修筑长城的时期，战争及外来骚扰都大幅度减少，游牧民族甚至主动与中原议和修好。长城作为边境上的一道屏障，内部依靠坚固的关城，外面筑起雄伟高大的城墙，坚固无比，即使守卫者不使用武器，也能让来犯者望而却步。

趣味活动一：我是小导游

活动要求：

（1）通过本篇的学习，我们认识了长城的建筑历史及作用。今天让我们做一名小导游，向全世界介绍一下中国的万里长城吧！

（2）可以选择自己喜欢的解说风格进行解说，比如：新闻联播、动物世界、天气预报等。

（3）两人一组或几人一组互相说一说。做一名出色的小导游吧！

第二篇

DI ER PIAN

长城修筑之奇

雄伟的万里长城是世界建筑史上的奇迹。它东起河北省的山海关，西至甘肃省的嘉峪关，全长 8851.8 千米。古代劳动人民在没有任何的机械，没有现代的建筑材料，全部靠人力的情况下在崇山峻岭、峭壁深壑中筑起万里长城，不得不说是建筑奇迹。每一段长城中都凝结了古代劳动人民的智慧与血汗。孩子们，长城是由哪些部门组织修筑的？用哪些材料筑成的？古代劳动人民是如何完成这一雄伟的建筑的？让我们在“长城修筑之奇”中寻找答案吧！

1. 修筑部门多变

中国封建王朝时期，长城修筑的管理设计及规划，始终都是由军队的不同部门负责完成的。

秦代筑万里长城，执行人和管理者是被任命为战役指挥官的蒙恬将军。蒙恬将军在成功赶走匈奴之后，立即把士兵转变为役夫，再加上因罪戍边的囚徒。在秦人不断的努力下，完成了中国第一条“超级长城”的修筑。

汉代时期则规定长城的修筑由长城所在地的政府组织，即根据行政区划分段施工，如遇规模较大、任务紧迫的修筑情况，则要调用中央或地方的军队和民夫去完成。

明代时期，中央在长城沿线设置长城的直接管理机构——军镇。此时，长城的设计、规划、修筑、维护，都由军镇长官统一负责。

2. 图纸标准不一

万里长城的修筑有没有统一的设计图纸呢？从中国历代长城修筑的方法来看，可能是没有的。

万里长城的修筑基本上遵循“因地制宜，就地取材”的原则。长城的修筑要根据当地的条件来决定，当时运输耗费的人力物力成本很高，所以大都利用当地的地势，用当地的材料来修筑。明长城东西长达 8851.8 千米，跨越了燕山山脉、黄土高原、河西走廊 3 个地理和自然条件完全不同的区域。每一个区域的环境条件造就了长城城墙的区别，其中燕山山脉的长城是以石、砖砌筑；黄土高原则以黄土夯筑为主，间或有砖石墙；河西走廊则基本以夯土墙为主。

明代蓟镇长城中，同一个地段也不尽相同，空心敌台更是千姿百态。仅以河北省抚宁县境内的明长城为例，相邻空心敌台的空间结构，就有城砖券砌的券顶式和木板架构的顶板式两种。箭窗的开设也有多有少；券门石有雕花和不雕花的。从这样的角度看，当年的长城修筑没有统一的设计图纸，存在着相当大的随意性。

没有统一的设计图纸，并不意味着没有一定的标准。当年蓟镇修建空心敌台时，就曾先设立了一些所谓的“样台”，供修台的军队及工匠修台前参照。地处长城脚下的河北省青龙满族自治县山神庙村，存有一块树立于明万历二十四年（1596 年）六月的石碑。这是一个记述敌台修筑情况的石碑，碑额上写有“新建样台”四字。事前先做个“模样”，是过去中国人的习惯，中国人做事喜欢实实在在、看得见摸得着，在长城修筑的问题上，也要做一个实的东西让人学习及参照。

3. 修筑材料多样

依据建筑工艺水平的不同，长城建筑材料不外乎土、石、砖、石灰、木材五大类。

土在中国古代长城修筑材料中，一直扮演着一个最古老，同时也是使用频次最多、范围最广的角色。长城修筑一般都就地取材，当地有什么土就用什么土，不会从其他地区运输。土质不同，导致修筑出来的长城质量也不尽相同。例如，辽东黑土，黏性差，易被雨水冲刷，所以用辽东黑土建筑的长城现在已经找不到遗迹了。再例如，中国北部大地上的长城，一般是黄色黏土修筑，此种土黏结性能好、耐雨水冲刷，现存遗迹比较多。

石材在长城修筑史上使用时间比较久。约二千多年前，现内蒙古自治区一带的长城，就是由石块砌筑的。除了对石材的特殊要求外，一般都是就地取材。石材修筑的长城，墙面粗糙，稳固性差；到了明代时期，人们开始对砌城墙的石材进行加工，因此城墙墙面平整，稳定坚固。

砖是中国长城特别是明代时期长城最有代表性的修筑材料之一，但是砖却是长城建材中使用最晚的一种材料。明代中期，长城修筑开始广泛用砖，用砖修筑的长城不仅外表美观，而且便于城墙成形。

石灰也是明代开始用来修筑长城的。早先在修筑长城时，石灰主要是用于勾缝；到了明代中期以后，石灰不再仅用于勾缝，而且还和黏土混合做砌墙用的材料。石灰的取材有别于土、石、砖，长城所在地的附近不一定有，所以石灰可能是取自长城所在地附近的地方。考古学家曾经证明在秦皇岛境内明长城使用的石灰的原材料石灰岩，产自抚宁县石门寨。

长城中所用到的木材集中在关口和城楼。关口的大门是木材支撑的，承构的梁架、门窗等是木材制作的。木材一般是就地取材的。

4. 修筑工人难寻

有人说，长城的修筑者大部分是犯人或强行抓来的民工，这种说法对还是不对？我们来看一看下面的几个统计。

（1）秦始皇三十二年（公元前 215 年），秦始皇命将军蒙恬率帐下 30 万士兵，在击败和赶走了匈奴之后，就地开始修筑“万里长城”。同时参与修筑的还有 50 万所谓触犯法律的囚徒以及服役的赘婿和商人。修城或修长城的囚犯又被叫做“城旦”。他们被剃掉头发、脖子套上铁钳，白天守卫边境，夜晚修筑长城。所谓“赘婿”就是婚后到女家生活的男人，这种人在当时被人们瞧不起，社会地位最低下。秦代商人的地位也比“赘婿”高不了多少，这是秦汉时期重农主义的结果。以上两种人是罚去戍边修筑长城的平民百姓，但这些人在当时与违法的犯人没有多大区别。

（2）西汉武帝时期，先后于汉元朔二年（公元前127年）、汉元狩二年（公元前121年）、汉元狩四年（公元前119年）三次打败匈奴之后，分段修复和修筑了北方的长城。其中公元前127年首次击败匈奴之后，就迁内地百姓10万户去占领的地区屯垦戍边，同时还调集10万人修筑这一带的长城。这些筑城者中，既有戍边居民身份的役夫，大量的还是戍边的军人及获罪的犯人。

（3）北朝及隋王朝时期修筑长城的记录最多，而且动员人数也十分庞大。在不到200年中，规模空前的修筑就多达13次。先后动用的人数能统计的就有300多万人次，超过100万人的修筑有两次。其中隋王朝时期的大业三年（607年），好大喜功的隋炀帝一次就征调100多万民夫，男人不够用，当时连守寡的女人都征调了。短短10天的繁重劳役，竟把人折磨死了一半以上。北朝时期基本是一个军人和暴君掌权的时代。这个时期军人地位很高，而且养尊处优，修长城的人大多是平民百姓。人民对长城苦役的愤懑到了顶点，民间艺人指桑骂槐，假借秦始皇说事，到处传唱编造演绎而来的《孟姜女哭长城》故事。

（4）金代承安年间（1196—1200 年）修筑了被称作“界壕”的草原长城。当时是“军民并役”，也就是军人和平民百姓一起修。筑城的平民中许多是缺吃少穿的饥民。

（5）明朝筑长城是经常性的事情，并不是一时兴起征发，所以修筑长城人数的记录很少见。明代修城的人主要是军队，而且是常年驻守在长城沿线的军队，地方民夫和罪犯只是人力资源的补充。从此点出发，如果按明长城“九边”共有常驻军队 976600 人的话，那么就等于每年都有近百万人在修筑长城。山海关字模印文城砖烧造单位不同表明，一些大规模或是应急的修筑任务，也有一定的地方州县单位参加，地方州县修长城肯定要动用民夫。从明代官员给皇帝的奏疏中得知，当时动用平民修长城是要付钱的。明代修筑长城的人还有一些是被罚戍边的人，这些人是各类触犯国家法律的人。正因为这些，在修长城频繁浩大的明代，没有听到民间对长城修筑的不满声音。

从上面的统计情况可以得出结论：中国历史上修长城的人力资源是由军队、民夫和触犯国法的犯人三种类型的人员组成的。除个别时期之外，军队是古代修长城的主要力量，特别是长城修筑最多的明代更是如此。动用囚徒最多的时代是秦代，而动用百姓和民夫最多的时期，则是北朝及隋朝时期。因此，说长城修筑者大部分是犯人和强行抓来的民工，应该是不够准确的。

5. 修筑设备简陋

相关历史文献记载，中国古代长城在修筑的过程中，应用到一些十分原始简陋的设备。

中国古代长城修筑的过程中应用过一种运输砖石的手推车。据史料记载，这种设备是三国时期蜀国的宰相诸葛亮发明的，当时主要是用来运送军粮。在明代长城的修筑过程中，手推车主要是用于在平缓的山坡地带运输修筑长城的材料。

当然，长城修筑过程中不可避免地要用到质量很大的石块等材料，这时采用的工具是滚木和撬棍。滚木

和撬棍合理配合，利用圆木滚动的原理，就可将石块运上陡峭的山坡，然后在山坡上方安置绞盘，用绞盘就可以将石块运到山顶了，既省时又省力，可以看出古人的智慧。

其实，修筑长城的过程中，最得力的“工具”还是人力。古代长城修筑过程中用到的砖石、石灰等材料主要是靠人力肩膀扛。当人们累得吃不消的时候，就开启了智慧锦囊，传说在北京八达岭上修筑长城时，就曾用驴往山上驮砖，还在羊腿上捆绑砖石，成群地赶上山。

6. 石材开采艰难

长城修筑所用的石料一般是就地取材，据史料记载，河北省迁安市白羊峪有一段世界上最奢华的大理石砌成的长城，这段长城的石料取自当地盛产的大理石。

石料的开采，采用中国传统的采石技术。首先，选取石块。要选择暴露在地表但是没有风化的石块，用铁楔子按照石头的纹理凿出一个个楔孔。然后，在楔孔中放入铁楔子，用大锤用力凿，直到石头裂开，裂开后的石头备用。最后，用铁锤等工具，将已经裂开的石块加工成所需要的大小和形状。

在河北省卢龙县燕窝村红山北麓，有一个规模很大的采石场遗迹，遗迹里散落着苔痕点点的大小石块，还有很多经过初步加工的长城基石，可以考证与附近长城所用的石料基本是一样的，所以当时长城所有的石块确实是就地取材而且是用传统采石技术完成的。

在明代修筑长城时，火药的使用已经很普遍了，但至今没有关于长城修筑过程中火药的使用记载。

7. 青砖烧制复杂

明代中期以后，长城的修建大量使用城砖，而这些城砖是从哪里来的呢？城砖这种材料不同于石材和木材，石材、木材可以从自然界中直接采取，但砖石是人工制成的，就是由黏土经过水和火的交互作用，最后才凝固成砖。当时砌城用的青砖就是这样烧造的。

(1) 首先修筑砖窑

近年来，河北省唐山及秦皇岛境内的长城沿线，都发现过一些明代的长城砖窑。其中抚宁县板厂峪发现的长城砖窑群有五六十座之多。这些砖窑里许多还装满没来得及出窑的长城砖。明代长城砖窑选址，一般以近水、近土、近柴、近长城及向阳为原则，而且大多成群分布。这些修筑在长城脚下的砖窑，多为地窑式。地窑式砖窑的修筑方法是先在山坡或梯田上挖坑，随后在坑中用砖或土坯砌出窑壁和窑室。窑壁和窑室的顶部与地面相平，目的是便于装窑和取砖。砖窑烧火的窑门开设在窑体的下方，一般是用砖砌筑成券洞式。

(2) 制砖和烧制

制作长城砖需要有下面的 9 个步骤：

①取土。烧制长城砖先要选择合适的制砖土。较好的制砖土是取自地表耕土层下面的纯净土。这层土杂质少、柔和、黏性好，烧制城砖最适合。

②熟土。挖掘出来的制砖土，要经过一段时间的露天堆积过程，让阳光照射、风蚀雨浸，使制砖土的内部分解松化，成为一种所谓的“熟土”。

③闷土。把存放过的熟土分层淋水，成为有一定温度的潮湿土。这样的潮湿土要堆放闷上 15~20 天，使土在温度和微生物的作用下进一步松化。

④和泥。把闷过的潮湿土加水反复和炼成泥。和泥可以人赤脚踩踏或驱使牛马踩踏，同时用锄头一类工具反复摔打，最后使潮湿土变成黏性能好、均匀细腻的稠泥。

⑤制坯。把稠泥装进木制的制坯模中，用力压实，再用铁线弓刮去模面多余的泥，扣出而成为砖坯。泥入制坯模之前，要在坯模和地面黏洒一层细沙，以防

泥与坯模同地面黏连。

⑥干燥。脱模后的砖坯在定形后，要以留有空隙、交错码放的形式垛起，盖上草帘阴干，直到砖坯完全干燥为止（这个时间需要一两个月）。

⑦入窑。把干燥后的砖码放在砖窑内。砖坯要层与层之间交错码放，砖坯之间还要留有一定空隙，以便烧窑的火焰从中通过。

⑧烧制。整个制砖过程中最重要的一环。烧砖使用的燃料有柴草和煤炭两种，柴草缓慢烧成的砖质量要好于煤炭烧成的。烧制时，砖窑窑温为800摄氏度~1000摄氏度。经过十几天的烧制，砖坯就基本烧结了。青色的城砖还要经过一道“转锈”的程序。

⑨出窑。砖窑完全冷却之后，揭去窑顶的封窑泥土，把烧造好的城砖层层取出来待用。

8. 后勤保障困难

古代修筑长城的供给多数是政府动用民间力量，都是以无偿徭役的形式进行的。《史记·平准书》记载：“汉兴，接秦之弊。丈夫从军旅，老弱转粮饷……”，这个描写的是汉代修筑长城时的社会现实：青年男子都去当兵打仗，而老年人和一些身体不强壮的则去修筑长城，正因为如此，只要提起修长城，老百姓就苦不堪言。

在大多数朝代修筑长城，被老百姓看成是灾难，但是历史上唯独明代例外。明代建立之初，皇帝朱元璋出身贫民，痛恨欺压百姓行为，但是长城作为防御敌人的屏障，又不能不修。于是，他苦思冥想，终于想到一个办法，史称“开中法”。商人们可以把粮食按照政府指令，运送到修长城和驻军的长城边镇，朝廷开放食盐买卖，这样商人可以得到一些利润，后来这个方法延伸到了其他生活物资方面。这个办法既鼓励了一批商人心甘情愿地去做后勤保障工作，又保证了军队的需要，可谓是一举两得。

趣味活动二：众志成城

通过本篇的学习，我们认识到了长城建筑之奇，感受到万里长城凝结了古代劳动人民的血汗与智慧。今天让我们一起动手，筑起我们心中的“万里长城”。

活动流程:

（1）分发每位同学一包彩泥。（用于修筑长城的青色彩泥多一些）

（2）组长合理分工，组员用彩泥捏制长城的不同部位（城墙、关隘、烽火台等），然后组合在一起筑起我们心中雄伟的“万里长城”。

（3）欣赏作品，分享收获，拍照留念。

第三篇

DI SAN PIAN

山海关长城

“两京锁钥无双地，万里长城第一关”中的“天下第一关”大家并不陌生吧！位于河北省秦皇岛市山海关境内的山海关长城被誉为天然的长城博物馆。它全长 26 千米，主要包括：老龙头长城、北翼长城、角山长城、三道关长城及九门口长城等地段。这里有形态多样的城墙、星罗棋布的敌台、传递信号的烽燧、布局合理关隘、七城连环城垒……它们到底是什么样的呢？有什么作用呢？让我们走进“山海关长城”一睹为快吧！

1. 天然长城博物馆

山海关有“天然长城博物馆”的美誉。山海关长城巧妙利用地形，因地制宜，科学选址，合理布局，墙体类型、建筑形式多样。山海关长城的建筑构造是最有利于战争的，这充分显示了我国古代军民的聪明智慧。

明洪武十四年（1381 年），将军徐达在山海关建关设卫修筑长城。时至明末，山海关长城线上，矗立着 7 座城堡、10 座关隘、23 座空心敌台和 14 座烽燧，构成一个布局合理、防守严密的长城关防体系。约从明朝中后期开始，山海关就已经以“天下第一关”闻名了。

2. 长城形式多样

山海关长城是明长城的精华荟萃，长城类型多种多样，有海滨长城、平地长城、山地长城、河道长城等，更有闻名于世的老龙头海上长城、三道关“倒挂长城”，都可谓是长城建筑史上的神来之笔。

3. 敌台星罗棋布

敌台是长城特有的建筑形式。明代军事家戚继光发明修筑的“空心敌台”，更是把敌台这种建筑形式发挥到了空前的水平。空心敌台既能攻战，又可驻守，既是当年长城守军的家园，又是人们心目中长城的形象标志。山海关长城上共有敌台 41 座，其中 23 座为空心敌台。

4. 烽燧传递信号

烽燧即烽火台，是古代军事上常用的通信设施，白日举烟，夜间点火，用来传递军情。汉代烽燧还常与用于守望的“亭、堠”并称，是长城线上发出警报和传递军情的重要设施。明代以后,烽燧称“烟墩”或“烟台”，设有严密的管理制度。烽燧将长城边关和国家的军事中枢连接成便利的声光传递系统。

5. 关隘布局合理

关隘城堡是长城防御体系中长期设防及驻兵的重要部分，是长城军事行动和商旅交通的重要进出之地。山海关长城南起老龙头、东北至九门口，长达 26 千米。在长城线上建有南海口关、南水关、山海关、北水关、旱门关、角山关、三道关、滥水关（烂石关）、寺儿峪关、一片石关（九门口），共 10 座关隘。

6. 城垒七城连环

山海关关城是中国古代关城建设中的经典之作，是山海关建关后260多年间不断完善的结果。修筑在关城东西两边的罗城，目的是加强关城的防卫能力；南北翼城及海滨宁海城的修筑，为雄关插上有力的臂膀；“哨城”威远城的落成，为有“京师屏藩”之称的山海关画上了完美的句号。山海关城七城连环，两翼齐飞，前拱后卫，左辅右弼，体现了缜密的中国古代军事哲学思想。

7. 城墙形态多样

城墙是长城建筑体系中最重要的组成部分。长城城墙形态多样、质量有别的原因主要有两个：第一，长城城墙的形式、结构、材料、构筑手法等随时代和条件因素的不同，呈现出不同的形态；第二，地理环境的不同、技术力量的差异以及特殊的军事用途等，也使长城形成了不同的形态。

（1）城墙类型

明代长城在原有城墙的基础上加以创新，使城墙在历代长城中类型最为丰富多样。明代长城城墙种类分为砖包墙、石砌墙、夯土墙、土柴混筑墙、山险墙、劈山墙、木栅墙等。

（2）城墙附属形式

中国长城城墙的附属是长城城墙不可分割的从属部分，同时也是特殊作战功能的需要。中国古代长城中明代以后的长城城墙有较多的附属形式，一般有垛口墙、宇墙、障墙、城台、敌台等。

现在看来，山海关长城有城台、城楼、马道、垛口、宇墙、望孔、射孔、雷石孔、海墁及排水等局部设施，以及围城、过水城桥等，这些建筑的设计都体现了我国古代军民的智慧。

趣味活动三：长城雄姿拍拍拍

活动要求：

山海关长城是天然的长城博物馆。城墙形态多样，城墙上有烽燧、关隘、垛口、瞭望口、射口、宇墙、障墙、城台、敌台等。请大家在山海关长城中寻找到相应部分，任选五个部分分别拍一张照片留念。准确拍完并且用时最少的那个人获胜。拍照如有错误，请返回天然长城博物馆继续拍照，直到完全正确为止。

第四篇

DI SI PIAN

山海关之历史见证

山海关自古是我国的军事重镇，自公元 1381 年建关设卫，至今已有 600 多年的历史。在山海关长城这座军事地位重要的雄关上，发生过令山河动容的战事。从明清之际的“甲申山海关之战”，到解放战争的“大军入关”，朝代更替，列强蹂躏，抗击外辱，接迎曙光；这里见证了一场又一场的激烈战役，这里崛起了一位又一位民族英雄，这里筑起了中华民族的团结一心、自立自强的尊严。

此外，历史上包括秦始皇、汉武帝、魏武帝、齐文宣帝、隋炀帝、唐太宗、清康熙、雍正、乾隆、嘉庆、道光等 11 位皇帝曾莅临于此。他们临碣石，观沧海，题联赋诗，抒发情怀，留下了珍贵的墨迹和诗篇。

1. 重大战役

山海关长城，这座军事地位重要的雄关，发生过太多令山河动容的战事。从明清时期的“甲申山海关之战”，到解放战争时期的“大军入关”，朝代更替，列强入侵，抗击外侮，今天的山海关走过了漫长曲折的历史进程。

（1）甲申之战

1644 年（甲申年）4 月，李自成攻破北京，推翻明王朝，率大顺农民军，征讨占据山海关的明将吴三桂。吴三桂势孤情急，引清军入关。山海关石河一战，李自成溃败，伤亡惨重。清政权在吴三桂的引领下，长驱直入，定鼎中原。

（2）庚子之役

1900 年（庚子年）8 月，英、美、德、法、日、俄、意、奥八国联军占领北京。同年 10 月初，八国联军向具有重要战略地位的山海关发起进攻。清军不战而逃，八国联军从老龙头登陆，焚毁澄海楼，屠杀义和团。

1901年9月，清政府被迫签订丧权辱国的《辛丑条约》，从此开始了列强对山海关的长期霸占。

（3）直奉大战

辛亥革命后，中国形成了军阀割据的局面。直系和奉系两大军阀派系为了争夺北洋军阀政府的控制权，在1922年和1924年两次交战，山海关深受其害，特别是第二次交战，山海关是主战场，战况十分惨烈，古老的长城和山海关人民一起遭受了战火的摧残。

（4）榆关抗战

1933年1月1日，日军在山海关蓄意挑起事端，制造了“榆关事变”。日军动用了陆海空军优势兵力，对山海关发起进攻，当时中国守军何柱国部奋起抗击，浴血奋战3日，毙伤日军387人，后因孤军无援，412名官兵壮烈殉国，山海关在炮火中沦陷了。“榆关事变”中，中国守军英勇抗敌的故事，打响了长城抗战的第一枪。

（5）解放山海关

1945年日本战败投降后，盘踞山海关的日军残余势力继续负隅顽抗，8月30日，冀东八路军曾克林部在苏联红军的炮火配合下，对城防坚固的山海关城发动强攻，经3小时激战，歼灭日军3000余人，将红旗插上“天下第一关”城楼，沦陷12年之久的长城重镇山海关获得解放。

（6）山海关阻击战

1945年10月25日，国民党军在美军的支持下，向通往东北的咽喉要地山海关发起攻击。守卫山海关的八路军山东第七师和冀热辽十九旅，面对相当于自己10倍的国民党军队，坚守阵地22天，打退了国民党军队一次又一次的进攻，取得了山海关阻击战的伟大胜利。山海关阻击战，为党中央开辟东北解放区的战略部署赢得了宝贵的时间，为新中国的诞生奠定了一块基石。

（7）解放大军入关

1948年，解放战争进入了最终的决战阶段。辽沈、淮海、平津三大战役，敲响了蒋家王朝的丧钟。1948年11月23日，中国人民解放军取得辽沈战役的胜利，国民党山海关守军望风而逃。11月27日，按照党中央部署实施平津战役的东北野战军，在人民群众的欢呼声中进入山海关，山海关的万里长城上红旗猎猎，辉映着即将破晓的新中国曙光。

2. 帝王足迹

历史上，曾有 11 位皇帝登临山海关，秦始皇、汉武帝、魏武帝、齐文宣帝、隋炀帝、唐太宗都巡行至此。清朝康熙、雍正、乾隆、嘉庆、道光等五位皇帝出关祭祖时，也曾先后多次驻跸于此。他们登临碣石，以观沧海，题联赋诗，抒发情怀，留下了许多珍贵的墨迹和诗篇。

（1）始皇东巡铭碣

秦始皇统一中国后，出于巩固政权的目的，先后五次出巡。始皇三十二年（前 215 年）东巡碣石，即今山海关东及秦皇岛沿海，修筑了规模宏大的碣石行宫，命丞相李斯写下了《碣石铭》，以歌颂统一大业。

（2）魏武观海放歌

东汉建安十二年(207 年),曹操率军出辽西征乌桓，回师途经山海关，临碣石，观沧海，即兴咏《观沧海》抒怀明志，留下“东临碣石，以观沧海。水何澹澹，山岛竦峙。树木丛生，百草丰茂。秋风萧瑟，洪波涌起。日月之行，若出其中。星汉灿烂，若出其里。幸甚至哉，歌以咏志。”这样的千古佳作。

（3）唐宗驻跸赋诗

唐贞观十九年（645 年），太宗李世民为巩固边疆，亲率大军东征高丽。从洛阳到幽州，经平州至渝关（今山海关），曾驻“临渝宫”，登“汉武台”，吟成《春日观海》五言诗一首。

（4）清帝即景抒怀

清代前期，山海关老龙头澄海楼散去了往日的硝烟，成了观海赋诗的文化场所，清代五位皇帝曾在这里即景抒怀，留下诗篇墨迹。康熙十年（1671年）清圣祖康熙皇帝盛京谒陵归来，登澄海楼观海，留下的《澄海楼》诗，表达了青年君主一统天下的豪迈胸怀。

趣味活动四：长城战役猜猜猜

活动要求：

每组出八个人，选一人为组长。七名组员后背贴上山海关长城上所发生的重大战役的图片、名称和时间，自己不能看到图片的内容，只有组长了解图片的内容。七名组员分别向组长发问，如："是1644年4月的甲申之战吗？"……组长只能回答"是"或"不是"，由组员猜测身后所贴内容。七人全部猜对且用时最短的小组获胜。

第五篇 DI WU PIAN

长城保护

长城是我们中华民族精神和文化的象征，是世界上体量、规模最大的文化遗产。绵延万里、巍峨雄伟的长城在千年自然力的侵蚀和人类活动的破坏下，现状是让人格外担忧的。中国长城研究会调查显示，目前长城的基本情况是：三分之一基本完好，三分之一残破不全，三分之一不复存在。我国《长城保护条例》的颁布体现了国家对文化遗产的重视。长城具体受到哪些因素的破坏？我们应如何科学地保护长城，让它永远盘旋在世界东方呢？让我们到“长城保护”中解开疑惑、寻觅方法吧！

1. 长城现状

长城是2000多年来历朝历代修建的边防设施的总称，见证了历史，凝结了智慧，可如今的状态令人堪忧。由于年代久远，保护不善，有很多地方的长城只有少量的遗迹，甚至已经完全消失，仅有少数一些地方长城保存良好，巍然屹立。从目前的情况来看，保存最为完好的是明长城。下面让我们来具体了解一下这些地区长城遗迹的现状。

甘肃以及宁夏、内蒙古地区以土制长城为代表。有夯土长城，也有包砖的土长城，这些地区的一些长城已经被风沙掩埋，正在逐渐消失。

陕西、山西省的长城遭到严重的破坏乃至坍塌。黄土高原在严重的水土流失中已经变得沟壑纵横，可想而知，穿过黄土高原的长城，其破坏程度有多严重。

河北省以及北京、天津地区，长城城墙主要依山而建，以砖石作为原材。夏季潮湿的气候以及长城墙面又经常附着土层，使得墙面满足植被生长的条件，从而被茂密的植被覆盖，有树木、灌木，也有野草。从长远看，植物根系可能对长城的稳固性产生威胁，但是目前在一些地方，茂密的植被反而使得长城墙体更加坚固。

内蒙古乌拉特前旗境内修筑于公元前 300 年的一小段赵长城至今保存得完好无损。

玉门关附近临近安西县有一段堪称奇迹的汉长城，是用芦苇、胡杨积薪建造的。这样的材料至今保存完好，据专家分析，一方面原因是这里人烟稀少，另一方面是长城的自然基础牢固。

2002 年，世界文化基金会将北京地区的长城景观列入世界 100 处濒危的世界文化遗产名录。2004 年，北京地区的长城景观再次被该基金会列入这一名单。至此，政府、公益组织和公众已开始意识到北京地区长城所面临的危机。

2. 自然力对长城的破坏①

自然力对长城造成破坏的表现形式主要为地震损坏、洪水冲毁、植物破坏、风沙侵蚀、风雨剥蚀、酸雨等。

①内容参考《万里长城百题问答》。

（1）地震损坏

地震对长城的破坏是毁灭性的。我国是一个多地震的国家，据统计，迄今为止有记载的 655 次地震中，约有 38% 的地震发生在长城区域内。据文献记载，1920 年 12 月宁夏“海原大地震”震级达到 8.5 级，地震震中地区筑于明代的夯土长城城墙多处坍塌，房屋倒塌，有的地方甚至连 1 米高的矮墙都未能存留下来。

（2）洪水冲毁

洪水是长城的第二大破坏因素。史志记载，清代乾隆年间的一次突然而至的山洪，把河北省抚宁县九门口一片石长城城桥的9孔城桥全部摧毁。山西偏关老牛湾长城，本是一段保存较好的夯土长城，但建在黄河河边滩地上的一段，被黄河洪水冲垮了。明长城蓟镇的重要关隘喜峰口临近滦河，喜峰口长城历史上多次被滦河洪水冲垮。史志记载，有一次洪水不但冲垮了喜峰口城门，甚至把关城的铁皮大门也冲走了。

（3）植物破坏

植物破坏是长城最普遍、最不明显的一种破坏。明代以后，长城逐渐失去往日的作用，日常的整修维护也相应停止。从此以后，长城上面开始变得杂草树木丛生。植物生长过程中，根系扎在长城墙体中，造成长城墙体的胀坏和开裂，雨水随着植物根系渗入，导致长城墙体坍塌。北京到辽宁的长城，植物破坏表现得尤其显著。

（4）风沙侵蚀

风沙侵蚀是我国西北部长城遭受破坏的特有现象。那里的长城地处荒漠与农耕区边缘地带，随着 20 世纪以来中国西北部沙漠化的加剧，许多长城地段都被南侵的沙丘掩埋起来。这种现象在陕北榆林以及河套地区的长城中表现得最为突出。

（5）风雨剥蚀

风雨剥蚀也是长城自然损坏的原因之一。雨水对石灰岩、砂岩的侵蚀是较大的，一些以石灰岩、大理石、砂岩砌筑的长城地段，风雨剥蚀对长城的破坏表现得尤其明显。特别是用石灰岩、大理石、砂岩等雕刻的长城部件和匾额，许多被风雨剥蚀得模糊不清。

（6）酸雨

在近现代，长城又遭受到一种新的破坏，那就是空气污染导致的“酸雨”。酸雨对以硫酸钙为主要成分的石材侵蚀尤其严重，而硫酸钙正是长城修筑石料的主要成分。

总之，长城面临的自然威胁多种多样，并且向着日益增多的态势发展。

3. 人类活动对长城的破坏

人类活动对长城造成的破坏，主要表现在两个方面，第一是生活性破坏，第二是生产性破坏，第三是旅游对长城的破坏。

（1）生活性破坏

生活性破坏，是指由人类生活，特别是长城所在地人们的生活对长城造成的破坏。

例如砖石砌筑的长城，人们生活对其的破坏是无法修复的。河北省卢龙县桃林口村，这个长城脚下的贫困村庄，一度几乎所有房屋和附属建筑都是用长城砖垒砌而成的。

对于山西、陕西黄土高原地区的夯土长城，其往往成为人们开挖窑洞的最佳位置，这种破坏也是无法修复的。在山西省偏关县的长城老营堡和老牛湾堡城墙上，可以看到城墙上被挖出的一排排、一孔孔的窑洞。现在，人们虽已都不在窑洞中居住了，但长城上的窑洞痕迹依然存在。

长城最初的作用是军事防御，是为拦截和限制人员往来而修筑的。如今，长城军事作用已经成为历史，现在是交通事业大发展的时代，长城的存在对人们的生活就造就了很多不便。于是，长城便被掘出了大大小小的豁口，以便人员来往和车辆通行，这种破坏在长城线上是普遍存在的。

（2）生产性破坏

生产性破坏，是指由人类生产活动给长城造成的各种破坏。生产性破坏主要表现为修水库、耕种、挖城土、放牧、翻蝎子等。

修水库和挖城土对长城的破坏是毁灭性的。河北省迁西县潘家口是明长城的重要关塞，但这座关塞随着潘家口水库的修建而沉入水底，这段明长城就彻底在世界上消失了。

挖城土主要是长城沿线农民积肥或造田垫地，这种现象在“农业学大寨”时期最为普遍。近些年，人们的长城保护意识有所增强，挖城取土的现象已经不多见了。

放牧和翻蝎子也是对长城造成破坏的重要因素。在长城上放牧，羊群会蹬掉长城上的砖石，长城的空心敌台甚至被当作羊儿们休息的羊圈，羊的粪便也会对长城造成腐蚀。特别是长城上的牧羊人往往捎带着“翻蝎子”。蝎子是一种可以入药的动物，具有经济价值，这对牧羊人来说是个非常有吸引力的事情。蝎子喜欢寄居于长城的砖石缝隙中，抓蝎子时就要用手翻掉长城上的砖石，长城顶部的海幔砖、垛口砖和宇墙，就是这样被一层层地揭掉了。随着人们长城保护意识的不断加强，如今已很少有人去翻蝎子了，但明长城除人迹罕至的地段之外，已经很难见到当年完整的垛口墙了。

（3）旅游对长城的破坏

旅游对长城的破坏及影响也是不可低估的，最常见的表现为不堪重负的游人攀登；在长城墙体上乱刻乱画；不尊重历史的破坏性修复，任意而为的乱拆乱建，如原有娘子关古朴的单层城楼，改建起华丽的双层城楼；违反科学地改变环境，如有的地方把长城游览区按风景区标准建设等。

4. 长城保护①

长城面临着相当严重的自然力和人为的破坏，已被列入濒危世界遗产名录，长城的保护迫在眉睫。目前我国正式出台的长城保护法规主要有《长城保护条例》和《北京市长城保护管理办法》等。

2003 年 8 月 1 日，北京市率先出台了中国第一部长城保护法规《北京市长城保护管理办法》(以下称《办法》，明确规定长城保护的原则是："原状保护、科学规划、合理利用"；明确保护长城是全体公民的义务，是各级政府的职责；规定"一切单位和个人都有保护长城的义务""长城沿线的区、县人民政府负责对本辖区长城保护工作的组织落实"。各级政府保护长城的职责分工是：市文物局制定长城总体保护方案；区、县人民政府根据长城总体保护方案制定本辖区长城保护工作的具体实施方案，对影响长城安全和环境风貌的建筑物、构建物，制定整治搬迁方案等。

2006 年 10 月 11 日，国务院颁布了《长城保护条例》

①内容参考《长城保护条例》和《北京市长城保护管理办法》。

（以下简称《条例》）。主要由以下三方面内容组成。

(1) 国家实行长城保护总体规划制度

明确长城保护的基本要求。《条例》规定，长城保护总体规划应当明确长城保护的标准和保护重点，分类确定保护措施，并确定禁止在保护范围内进行工程建设的长城段落。确保长城保护与经济发展、城乡建设的协调。对因工程建设破坏长城的问题规定了明确、具体的防范措施。

(2) 各级政府积极响应长城保护

长城所在地省级政府在长城保护方面需做好以下四个方面的工作：①按照长城保护总体规划的要求，划定本行政区内长城的保护范围和建设控制地带，并予以公布；②当地政府管理部门应将公布的保护范围和建设控制地带报国务院文物主管部门备案；③在长城沿线的交通路口和其他需要提示公众的地段设立长城保护标志；④确定长城的保护机构。

(3) 社会参与长城保护

首先是国家鼓励公民、法人和其他组织通过捐赠等方式设立长城保护基金，专门用于长城保护；其次是被确定为保护机构的单位应当对其所负责保护的长城段落进行日常维护和监测，并建立日志，发现安全隐患，应当立即采取控制措施，并及时向县级政府文物主管部门报告；再次是根据部分地方利用护林员、土地承包户保护长城的实际做法，《条例》规定，地处偏远、没有利用单位的长城段落，所在地县级政府或其文物主管部门可以聘请长城保护员对长城进行巡查、看护；最后是任何单位或个人发现长城遭受损坏，均可向保护机构或所在县级政府文物主管部门报告。

目前，长城沿线的其他省区，也多在制定有关长城保护的政策法规。政策法规的建立，使长城的保护进入了有法可依的新的阶段。

5. 长城普查

2016 年 12 月，国家文物局发布了《中国长城保护报告》，报告指出，2012 年，国家文物局完成了长城资源认定工作并发布认定结论。根据认定结论，我国各时代长城资源分布于北京、天津、河北、山西、内蒙古、辽宁、吉林、黑龙江、山东、河南、陕西、甘肃、青海、宁夏、新疆 15 个省（自治区、直辖市）

404 个县（市、区）。认定数据如下：各类长城资源遗存总数 43721 处（座 / 段），其中墙体 10051 段，壕堑 / 界壕 1764 段，单体建筑 29510 座，关、堡 2211 座，其他遗存 185 处。墙壕遗存总长度 21196.18 千米。

（1）长城资源调查

2006 年，国家文物局会同国家测绘局组成长城资源调查领导小组，长城沿线各省（自治区、直辖市）建立省级领导机构，来自文物、测绘行业的 361 个专业机构、1295 名专业技术人员组成调查队，历时 4 年，行程数十万千米，实地调查面积超过 4 万平方千米，涉及 16 个省（自治区、直辖市）的 445 个县（市、区），2010 年 12 月完成对我国各时代长城资源的田野调查。长城资源调查以县级行政区域为单元，采取文物、测绘专业人员联合组队的工作模式。调查范围以明长城、秦汉长城主线为重点，同时将春秋战国长城，各时代长城支线、汉唐烽燧，以及金界壕遗址等我国境内其他具备长城特征的文化遗产一并纳入调查范围。调查对象主要包括长城的墙体、敌楼、壕堑、关隘、城堡以及烽火台等相关历史遗存。

（2）长城资源认定

2012 年，国家文物局完成了长城资源认定工作并发布认定结论。认定工作基于各省（自治区、直辖市）资源调查成果和已有的研究基础，并根据相关专业机构和专家意见，将春秋战国至明代等各时代修筑的长城墙体、敌楼、壕堑、关隘、城堡以及烽火台等相关历史遗存认定为长城资源，将其他具备长城特征的文化遗产纳入《长城保护条例》的保护范畴。

长城普查的目的是为长城保护工程全面实施摸索经验，以便形成适用于整个长城保护工程的具体工作方案或指南，为全面实施长城保护工程做好前期准备工作。

愿我国人民做好长城的守护者，让雄伟的万里长城永存于世界的东方！

趣味活动五：我是长城守护者

（1）守护长城小建议

世界文化遗产——长城，是人类文明发展史上的辉煌奇迹，象征着我们中华民族的脊梁，更是我们中国人性格的写照、精神的传承。民族的瑰宝需要我们去保护，使其不被人遗忘、不遭受自然力和人类活动的破坏。让我们一起做长城的守护者，快来写一封保护长城的建议书吧！

（2）护城行动

和身边的人分享你的守护长城小建议，呼吁身边的人一起守护长城。行动起来，让万里长城这条巨龙永远盘旋在祖国的神州大地。

“科学之旅”系列丛书
编委会名单

科学之旅——地质之美

1. 执笔人——方振华

方振华，河北秦皇岛人，1980 年出生，小学高级教师，市级骨干教师。

寄语：孩子们，开卷有益，我很高兴遇到捧读《地质之美》的你，也很高兴能陪你一起享受这段愉快的阅读时光！地球，我们最伟大的母亲，它用 46 亿年的岁月滋养着万物，无私地奉献着、给予着。今天，我和你一起走近地球，共同了解我们赖以生存的地球母亲。同时也希望在你们主宰的未来里，地球资源能够更合理更有效地利用，我们的地球母亲能美丽永驻。

2. 科普基地负责人——路大宽

寄语：地球是浩瀚宇宙中一颗璀璨的行星，是哺育亿万生命的摇篮，是现知唯一有人类生存的美丽家园。它为我们提供了空气、水、石油等一切赖以生存与发展的物质与能源；它就像一部没有文字的史书，记录着数亿万年的时空变迁。同学们，你们了解它吗？能读懂它吗？《地质之美》一书就是一把打开地球奥秘的钥匙，为我们开启了探寻地球的科学之旅……

序

preface

千古一帝东寻仙，东临碣石魏武帝，白浪滔天，鸥鸟铺天际。

看海观鸟，探地质阅长城，徒步秦皇岛科普基地。一趟科学之旅，将开启青少年不一样的旅行。全新的“地理文化＋科技体验＋互动娱乐”研学旅游模式，将带你于实践中、书香中探索秘密。

“科学之旅”丛书，由河北省科学技术协会、秦皇岛市科学技术协会、秦皇岛市示范科普基地共同组织编写。这是一套面向青少年的研学旅游科普读物，是青少年了解和学习海洋、地质、鸟类及长城历史的绝佳读物。丛书图文并茂，科学翔实，简单易懂。轻翻书页，徒步科普基地，沉浸在包罗万象的博物馆中。

本套丛书共四册：《科学之旅——万里长城》《科学之旅——地质之美》《科学之旅——观鸟日记》《科学之旅——海洋精灵》。每册分为知识篇与实践篇两个部分，将科普读物与科普基地有机融合起来，内容概要如下：

第一册《科学之旅——万里长城》。以秦皇岛长城之首——老龙头——为参观基地，介绍长城历史、构造、作用及著名的长城遗迹，将这座伟大的建筑全方位地展现给青少年读者。

第二册《科学之旅——地质之美》。以全国科普教育基地——秦皇岛柳江盆地地质博物馆——为参观基地，了解地球原貌及漫长的历史，揭开隐藏在地表下的秘密，教你辨别岩石、玉石、化石等不同的石头。

第三册《科学之旅——观鸟日记》。以北戴河翼展鸟类救养中心为参观基地，选出100种有代表性的中国鸟种，编辑成观鸟指南，并附有剪影图索引和观鸟地图，便于青少年在野外或室内查阅、比对，走进形形色色的鸟类世界。

第四册《科学之旅——海洋精灵》。以秦皇岛新奥海底世界为参观基地，探寻深海海底宝藏，零距离接触海洋精灵，寻找新型能源……并认识到污染

海洋的严重后果，学会保护海洋。

孩子宅在家里打游戏，窝在沙发上玩手机，是家长和老师最不愿看到的景象。走出家门，走向大自然，徒步旅行进行科学探究，是孩子们度假游学的最佳选择。然而，如果孩子没有一定的知识储备，无论走多久走多远，也无从深入了解“人与自然和谐相处”的精髓，旅行的收获也会大打折扣。

幸好，精典读本“科学之旅”系列丛书，为青少年研学旅行提供了知识指南和借鉴，鼓励并指导孩子们用明亮的眼睛去看世界，用稚嫩的手去触碰世界，与科普基地、与大自然融为一体。孩子们通过系列阅读和科学探究，必将开拓创新思维，培养创新意识，全面提高科学素质，感悟大自然的力量。

当科学少年遇到科普基地，会碰撞出哪些意想不到的火花呢？

山河壮，少年强！自然美，少年智！赶快跟着科学去旅行吧！

苑社民

2018 年 5 月

目录

contents

第一篇

DI YI PIAN

认识地球

地球里面到底有什么呢？直到现在，科学家们一直也没有停止对地心的探索。1692年哈雷提出“地球空心论”，1818年赛姆斯“认为地球内有另一个世界”，1838年威尔克斯前往北极寻找地心入口。人们迫切地想要了解，地球内部到底是什么样的。

1. 地球的诞生

46 亿年前，宇宙中的灰尘、气体不断凝聚，最初它是一个大火球，随着不断地冷却与凝固，形成了地表，也渐渐产生了海洋。原始地球平均温度不超过 1000 摄氏度，后来地球温度逐渐升高。当温度高于铁的熔点时，原始地球上游离的铁开始融化，由于密度的原因，铁融化后流入地球核心部分，形成地核。随着地球内部温度继续提高，地幔局部熔化，促进了地壳的进一步形成。

2. 地球的年龄

科学家们发现，地球内放射性元素的衰老速度相对稳定，且与外界条件的改变无关，于是就选择了一种含铀量较高的岩石，通过对该种岩石中所含的铀和铅的含量进行测定，由此推算出地球上最为古老的岩石大约出现在 38 亿年前。此外在地壳形成之前，地球还曾处于表面呈现熔融状态的阶段，这个时间大约是 8 亿年。这样算下来，地球已经存在 46 亿年了。

3. 地球的形状

古时候,人们认为地球是天圆地方的。古希腊时期,毕达哥拉斯就认为地球是圆形的,其理由是:他认为圆形是所有图形中最完美的一个。公元前 350 年前后,亚里士多德证明了地球是圆形的。他的理由是:驶进海洋中的船舶,无论行进的方向怎样变化,观望者的视野中首先消失的都是船身。第一个环游世界的航海家麦哲伦、发明望远镜的伽利略也都证明了地球是圆的。其实地球并非完美球形,其赤道半径大于两极半径。

4. 地球的构造

(1)地球的外衣——地壳

地球固体圈层的最外围部分就是地壳,是由不同种类的岩石共同构成的,厚度各处不一。按成分可分为上下两层:上层为花岗岩层,主要成分为硅和铝,也称"硅铝层",它仅存在于大陆地壳部分;下层为玄武岩层,成分富含硅和镁,也叫做"硅镁层",此部分在大陆和大洋地壳表面均有分布。

地壳表层因受到大气、水、生物的影响，进而构成土壤层、风化层与沉积层，厚度在 0 ~ 10 千米范围内。其中高山、高原地区地壳较厚，最厚处能达到 70 千米；平原、盆地地壳相对较薄。

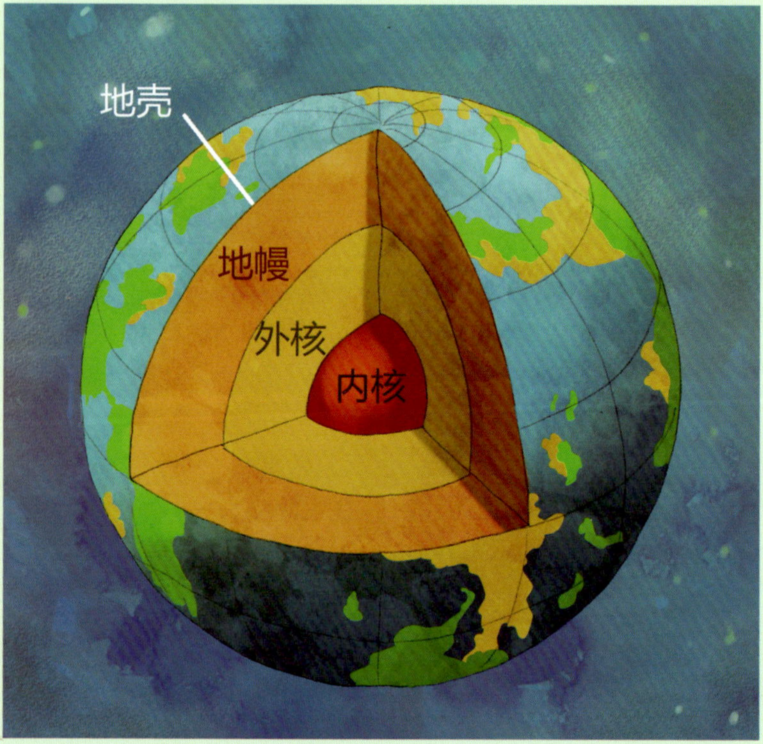

（2）地球的中间层——地幔

致密的造岩物质构成了地幔，它介于地壳与地核之间，为地球内部体积最大、质量最重的部分。地幔物质较地壳具有很大的均匀性，随深度增加，温度、压力和密度也在不断增大。地幔部分也分成了两层，将莫霍洛维契奇界面看作基准，向下至1000千米的深度称作上地幔，软流层就位于上地幔的顶端，可以减缓地震波的传播速度；1000～2900千米深度之间是下地幔，下地幔温度、压力和密度都增强，当地幔下部压力增至140万个大气压①时，物质呈可塑性固态。

（3）地球的核心——地核

地核指的是地幔与地球中心之间的部分，属地球内部构造的核心。地核半径约为3470千米，主要成分为铁和镍元素。地核密度极大，其平均密度可达10.7克/立方厘米，温度也极高，可达6680摄氏度。

地核由内、外核共同构成：外核是由动力学黏度相对较低的液体组成，且2900～4980千米深度层完全是液体，4980～5100千米深度层为外核与内核之间

---

①1标准大气压=101.325千帕。

的过渡层。内核位于约 5100 千米以下至地心。地球内部的温度随深度升高，在地幔与外核边界处，温度在 4000 摄氏度左右，地心温度可达 5500 ~ 6000 摄氏度。在高温高压下，地核可能呈现一种特殊的“物质状态”，是铁、镍成分的物质，所以也称“铁镍核”。

5. 地球的自转

地球自转是地球的重要运动形式，它以地轴为中心由西向东旋转，自转一圈即为一天。从北极点上观察地球是逆时针旋转的；在南极点上观察，地球则是沿顺时针方向旋转。

因为存在公转，地球在自转一周之后就不再处于原来的位置了，要想回归原来的角度，需要 4 分钟左右。因此，地球绕太阳公转一周，其自转的周数实际比一年内的天数多出一天。

6. 地球自转速度的变化

地球自转的速度并不平均，通过精准的观测数据可以知道，地球自转有着三种趋势。长期减慢：最近2000年以来，每经历100年，1昼夜的时间就要延长0.001秒；周期性变化：自转速度随季节变化而调整，一年中，8—9月自转速度最快，而3—4月时速度最慢；规则变化：每经过十几年，地球都会经历一次“跳动”，这段周期内地球的自转速度也会发生变化。可见，地球是足够“任性”的。

影响地球自转速度的因素较多，如：地球质量分布、海水涨落、地球重心变化、海洋洋流、地壳板块运动、地球物质的重新分布，等等，甚至人造地球卫星的发射也会影响自转速度。

7. 地球上的经纬线

在地球的表面，其实并没有看得见的经线和纬线。经线和纬线是智慧的人类为明确地球上的方位而构建出来的。经线指向南北，纬线指向东西。

那么，经线和纬线是如何确定的呢？人类假想了一个地轴，它穿过地球中心，将南北两极串联在一起。地球正是绕着人类假想的地轴旋转。在地轴中间位置做出垂直于地轴的平面，将地球切开，这个面与地球表面相交的线，称为赤道。

确定了两个大的方向后，朝着北极和南极的方向延伸，在地轴上画出很多和赤道平行的线，这些线就是纬线。赤道是最长的纬线圈，称为 0° 纬线，向南北两方各定到 90° 。赤道以南的叫南纬度，南纬 90° 即为南极；赤道向北的为北纬度，北纬 90° 就是北极。

从北极到南极，在地轴上画出很多和赤道垂直的线，在地球上画很多半圆圈，这些半圆圈就是经线。

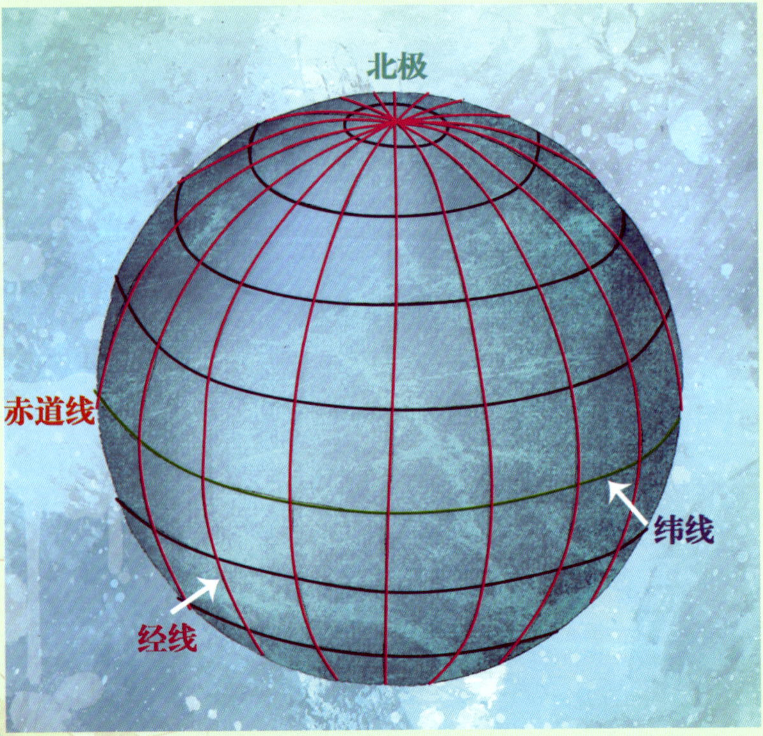

8. 地球的形成

（1）大陆在漂移

德国物理学家魏格纳在观察世界地图时有了重大发现。他看到了南美洲大陆和非洲大陆边缘正好可以吻合，像小朋友的拼图一样。这激发了其研究兴趣，魏格纳收集归纳了很多地质结构、气候、岩石和化石的相关材料，经过不懈努力，终于在 1912 年总结出了著名的大陆漂移假说。他提出：地球诞生之初，大陆原本是一个完整的板块。随着地球的成长和衍化，逐渐分裂，形成了现在的板块形状，七大洲和四大洋。

从世界地图中可以看到，大西洋两岸的非洲、南美洲的边缘地带，可以像拼板一样联结成完整的一块，同时，古生物化石在两个大陆上的分布也都证明了板块的漂移。事实上，现在的大陆仍在不断移动。最近十几年内，欧洲大陆和美洲大陆正以 1~5 厘米 / 年的速率靠近彼此。而法国的科西嘉岛，仅在近 80 年内向东漂移了 8~10 米。

（2）板块在移动

1968 年，法国地质学家勒皮顺对地球内的岩石层进行了划分，认为地壳由六大板块组成，分别为：太平洋板块、欧亚板块、印度洋板块、非洲板块、美洲板块和南极洲板块。所有这些板块漂浮在地幔软流层之上，并随之移动，其间也存在相对水平运动。主要有：聚合、张裂与错动。大的板块年均移动 1~6 厘米，尽管看起来速度很慢，然而随着万亿年的变迁，地球海陆面貌将会出现极大的改变。

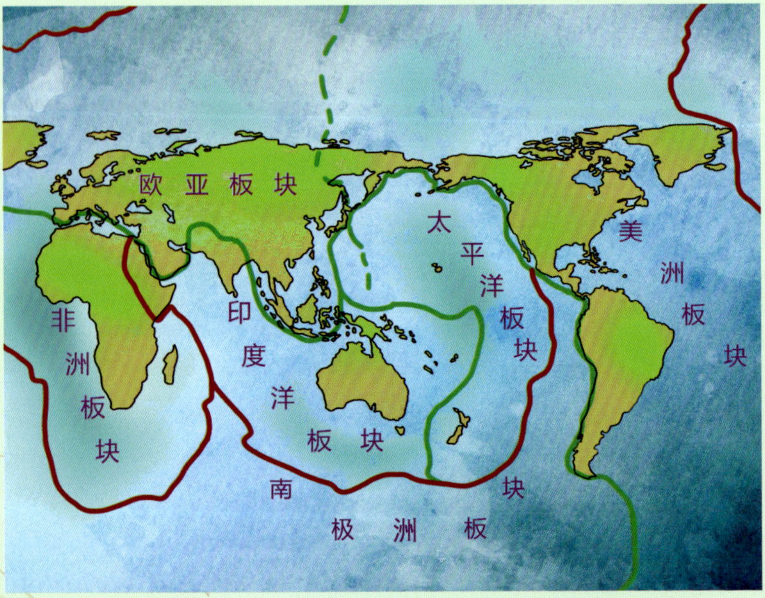

（3）海底在扩张

大家看到的波涛汹涌的大海，是经过几十亿年的地质变迁形成的，它是对大陆漂移说的进一步发展。当科学家对海底岩石进行研究时，惊奇地观察到它们的年龄几乎均短于2亿年。相较于陆地上最古老的岩石（可能距今已有40多亿年），是非常年轻的。而且越靠近海岭，其岩石年龄就越小，且岩石年龄关于海岭对称分布。

自20世纪60年代起，地质学家们认识到海岭是新大洋地壳的起源，并归纳出海底扩张学说。地幔内的物质沿海岭顶端的裂痕流出，在冷凝后便筑成了新的大洋地壳。随后持续升高的岩浆再将之前的大洋地壳以缓慢的速率推向两侧，因而海底可以持续扩大。一旦大洋地壳与大陆地壳接触，便会最终熔于大陆地壳的地幔层中。该过程即为大洋地壳的更新过程，大概需要近2亿年才能完成，这也就是海底岩石年龄的下限。

（4）未来的地球

如果当今地球板块持续移动，大西洋便会拉宽、延伸，非洲与欧洲会发生接触，致使地中海消失。澳大利亚会和东南亚发生碰撞，美国的加州会向北部移动直至阿拉斯加海岸。当然这一切只是来自于科学的推断，而且这可能是地球5000万年后的样子。

趣味活动一：我是小导游

⑴通过对本篇知识的了解，我们认识了地球的形成、年龄等知识。今天就让我们变身小导游，介绍一下我们美丽的地球吧。

⑵选择自己感兴趣的内容和喜欢的解说风格或方式（参考：新闻联播、动物世界、天气预报、评书等），两人一组或几人一组，互相说一说吧！

第二篇

DI ER PIAN

神奇的大洲

海洋作为连续的水面，将地球上的陆地分成了数量极多的板块。

1. 神秘东方——亚洲

“亚细亚洲”简称亚洲，是人类古文明发源地之一，面积达到 4400 万平方千米，约为世界陆地总面积的 29.4%。亚洲是全球陆地面积最大的洲，其海岸线长度和人口数量也都是世界之最。

（1） 地球上最高和最低的地方

亚洲拥有全球最高的山峰——珠穆朗玛峰，其海拔高度达到了 8844.43 米。亚洲还拥有世界上最深的海沟——马里亚纳海沟，同时也是地球的最低点，目前深度是 10916 米。

（2）人口最多的洲

亚洲人口数量巨大，共计 35.13 亿，占世界总人口的 60.5%。其中黄种人最多，占 60% 以上，其次是白种人，黑种人很少。

（3）万塔之国——缅甸

缅甸是一个佛教之国，地处东南亚中南半岛西北部。全国 80% 以上的人口信奉佛教。缅甸还被称为“万塔之国”，据统计，其国内佛塔数量超过 10 万座。如果将缅甸所有的佛塔有序排列，其全长可达 1500 千米以上。

（4）千佛之国——泰国

泰国享有“千佛之国”“黄袍佛国”等盛誉，它位于亚洲中南半岛中部，国内 95% 的居民都崇奉佛教。泰国国内的寺庙超过 3 万座，到处充满了神秘而神圣的佛教色彩。

（5）万里长城——中国

万里长城被看作是世界建筑史上的一大奇迹，是中国古代劳动人民缔造的伟大遗产。长城是全球最长的城墙，西源嘉峪关，东到山海关，全长共计 1.34 万里，是名符其实的“万里长城”。

2. 西方之地——欧洲

欧洲是“欧罗巴洲”的简称，是世界第六大洲。欧洲的种族构成较为单一，以白种人为主，占人口总数的 99%。欧洲在经济、科技、文化、艺术方面享有盛誉。

（1）风车王国——荷兰

荷兰被称为“风车王国”。1229 年，荷兰人制作出了首座风车。在荷兰，风车随处可见，这些风车不仅用作观赏，它们还被用来进行排水灌溉、研磨谷物和发电。荷兰人现在已经离不开风车了。

（2）音乐之邦——奥地利

奥地利是举世闻名的“音乐之邦”，许多伟大的音乐家，如莫扎特、舒伯特、贝多芬等，都出生在这里，或在这里度过了自己辉煌的创作生涯。奥地利的首都维也纳也是孕育音乐的乐土，不仅新年音乐会是世界顶级的音乐盛典，而且这里也是华尔兹舞曲的故乡。

（3）水上都市——威尼斯

威尼斯有“水上之都”的美称，它位于意大利北部,共包含了118座小岛。这里的人们进出都以船代步，汽车在这没有用武之地，这里可以说是世界上唯一一个没有汽车的城市。

（4）童话王国——丹麦

丹麦同德国接壤，是连接西北欧的纽带。当然，孩子们对丹麦的认识是一个童话的王国，安徒生与美人鱼、哈姆雷特城堡和“王子复仇记”就诞生在这里。但是这里不仅有童话，世界上第一面国旗便是1219年制作完成的丹麦国旗，被人们称作“丹麦人的力量”。

3. 阳光灼热——非洲

“阿非利加洲”简称非洲，希腊语中寓意“阳光灼热”。非洲面积约为 3020 万平方千米。全非洲长年接受阳光直射，95% 的地方年平均气温高于 20 摄氏度。

（1）乞力马扎罗山

乞力马扎罗山是非洲第一高山，坐落在坦桑尼亚与肯尼亚交界处。最高峰海拔 5895 米，因山顶上常年覆盖积雪，所以被人们称作是“赤道边上的白雪公主”。

（2）撒哈拉沙漠

撒哈拉沙漠是全球最大的沙漠，它形成于 250 万年以前，沙漠面积达到 960 万平方千米。沙漠把整个非洲大陆进行了有效分离，使北部非洲与南部非洲在气候、文化等诸多方面均截然不同。

（3）文明古国——埃及

埃及是世界四大文明古国之一，其境内随处可见人类古代文明的杰作，如著名的金字塔、狮身人面像、埃及神庙等。

（4）钻石之国——南非

南非共和国地处非洲大陆最南端，经济发达程度却是非洲之最。南非境内金刚石储量巨大，占全世界总量的 1/4，常被赞誉为“彩虹之国”“钻石之国”。南非是全球唯一同时存在行政首都、立法首都和司法首都的国家。

（5）石头之城——津巴布韦

津巴布韦位于非洲大陆东南部，直译即为“石头城”。而津巴布韦也确有一座举世闻名的古代文化遗址——“石头城”，石制建筑群大约建成在公元8—10世纪，是该时期内东非文化的象征。

4. 发现之地——美洲

美洲全称为“亚美利加洲”，如此命名，相传是为了缅怀一位叫做亚美利哥·维斯普奇的意大利航海家。美洲分为北美洲和南美洲，其中前者工业和金融贸易发达，而后者土地辽阔，矿产资源丰富。

（1）印加古城

印加古城马丘比丘建造于公元11世纪，直至1911年才被考古学家发现，它是南美洲最富神秘色彩的历史古城，也是南美洲的象征。智利诗人巴勃罗·聂鲁达赞誉它为“人类曙光的崇高堤防”。

（2）复活节岛

复活节岛坐落于东南太平洋，面积117平方千米，现属智利共和国。它借助神秘的巨石人像、“会说话的木板”和神秘的异域风情吸引了众多游客的参观游览。

（3）美国

美国是美洲面积第二大的国家，国内领土跨越了整个北美大陆，面积937万平方千米，是当今世界上经济最为发达的国家之一，还是首屈一指的军事、科技强国。

（4）加拿大

加拿大有“枫叶之国”的美誉，其国内枫树很多，秋天的时候，满山遍野的枫叶就像燃烧着的焰火。枫叶是加拿大民族的象征，其国旗、国徽上都是红色的枫叶。

5. 万岛之洲——大洋洲

大洋洲其实是海域中的一块孤立的大陆，由澳大利亚大陆、塔斯马尼亚岛、新西兰南北二岛、新几内亚岛及太平洋中的美拉尼西亚、密克罗尼西亚、波利尼西亚等三大群岛共计 1 万多个岛屿组成，总面积 897 万平方千米，是全球最小的洲。大洋洲人口稀少，人口约 2900 万，仅占世界人口的 0.5%，是除南极洲外人口最少的洲。全洲 65% 的人口分布在澳大利亚大陆。

澳大利亚

澳大利亚四面环海，是大洋洲最主要的部分，也是全球唯一独占一片陆地的国家。澳大利亚是典型的移民国家，有来自全球 120 个国家、140 个民族的人们来到这里共同生存与发展。

6．冰雪大陆——南极洲

1738 年，法国人布维发现了南极洲，它是全球地理纬度最高的洲。南极洲包括南极大陆和周边的小岛，总面积 1400 多万平方千米，占世界陆地总面积的 10%。南极洲另有约 158.2 万平方千米的冰架。由于严寒，南极洲无人长期居住，是一个典型的冰雪大陆。

（1）世界最冷

南极点为地球自转轴的一端。由于海拔较高，太阳光照射角度低，再加上积雪和冰面对太阳辐射的反射等因素，南极大陆是全球最为严寒的地区，年平均气温为零下 25 摄氏度，相较于北极还要冷 20 摄氏度。

（2）地球风极

南极大陆风暴极为频繁，12 级以上的暴风十分常见。12 级暴风的概念就相当于大洋上热带风暴(台风)。南极大陆是风力最大的大陆，风速超过 100 千米 / 小时。其中沿海区域的风力最大，平均风速可达 17~18 米 / 秒，而其东部沿海一带风力最为强劲，瞬时风速可以达到 40~50 米 / 秒。

（3）极昼和极夜

极昼和极夜是因地球沿着倾斜地轴自转而产生的，属极圈内特有的自然景观。地球的自转轴是倾斜的，当南极这一端斜向太阳的时候，无论地球如何旋转，太阳始终能照射到南极上，从而产生极昼现象，极昼时太阳不会落山。反之则是极夜。在极圈内，由于纬度差异，极昼、极夜的持续时间并不相同。由于在极夜期间也存在太阳的辉光作用，极夜期间天空依然明亮可见，可以进行室外活动和野外作业。

趣味活动二：五洲风情猜猜猜

通过本篇的学习，我们认识了有人类文明的五大洲和一个无人久居的南极洲，你还记得它们的独特之处吗？下面让我们来做一个小游戏吧！

活动要求：

每组六人，其中组长一人，组员五人。

五名组员背后贴上地理名称，只有组长了解相关的内容，其他队员不能看到图的内容和文字。由五名组员分别向组长发问，如："它是面积最大的大洲吗？""它是一座城市吗？"……组长只能回答"是"或者"不是"，组员则据此猜测自己身后的地理名称。五人全部猜对，并且用时最短的小组获胜。

第三篇 DI SANPIAN 美丽的国石

倘若提到国花、国树以及国鸟等物，同学们一定不陌生，但目前世界上已有近 40 个国家推选出了自己的国石，你们听说过吗?

所谓“国石”，通常指一个国家的人民普遍喜爱或具有优异特性和珍贵价值，或是该国在出产和加工方面独有特色的宝石，是一个国家或民族重要性向标志和象征之一。世界上又有哪些国家有了自己国石呢? 我们一起走进这神奇的石头世界，了解一下各国的国石吧!

1. 欧泊——澳大利亚国石

欧泊俗称蛋白石，主要成分为二氧化硅，硬度极高。常出现于火山活动活跃区域的温泉中，也可以由硅酸盐矿物分解得到。欧泊作为一种特殊的宝石，具有变彩的效果，日光下可以散发出多彩绚丽的光芒，为其他宝石所不能企及。

2. 钻石——英国国石

钻石本身是无色透明的，由于其光泽灼目，一向受到人们的喜爱，英国人更是视其为宝石之冠。在所有宝石中，钻石的硬度最高。在英国，绅士们用钻石代表自己的坚定与果敢；淑女们则愿意用钻石比喻自己的圣洁和高贵。世界上最稀有、名贵的钻石大都在英国收藏。

3. 蓝宝石——美国国石

蓝宝石不是所有蓝色宝石的总称，而是一种特属称谓。蓝宝石在矿物学科内属于刚玉，其硬度仅低于金刚石。蓝宝石雅致大方，明澈剔透，和钻石一样，也常用来象征爱情。美国西部蓝宝石资源丰富，当年在西部淘金热时期，就已经有很多探险家将探寻蓝宝石看作自己的目标。

4. 琥珀——罗马尼亚国石

琥珀是一种特殊的透明生物化石，一般情况下呈淡黄色或浅褐色，带给人温馨的感觉。琥珀是距今 4500 万 ~9000 万年前的树脂在地下压力和热力作用下形成的化石，内部常包有小昆虫。通常情况下，琥珀越通透、内嵌的昆虫保存越完好，价格就越昂贵。全球出产琥珀的国家有很多，其中罗马尼亚将之奉为国石。

5. 绿宝石——哥伦比亚国石

绿宝石是哥伦比亚的国石，全球规模最庞大的绿宝石矿床就位于南美洲的哥伦比亚，其储量占到全球的 95%。绿宝石颜色碧清、光泽高贵，极品绿宝石的价值甚至比钻石还高。

6. 水晶——乌拉圭国石

水晶是指结晶完好、透澈的石英晶体，其主要成分为二氧化硅，其颜色晶莹剔透。由于含有多种不同的矿物质，水晶会呈现出不同的颜色，绚丽多彩。与其他宝石相比，水晶产量较大，属于中低档宝石。乌拉圭因为高质彩色水晶资源丰富，因而选择水晶作为其国石。

7. 孔雀石——智利国石

孔雀石由碱式碳酸铜等物质构成，因颜色鲜艳，纹带清晰，酷似孔雀羽毛而得名。由于纹路天然形成，世界上没有完全一样的孔雀石，每一颗都独一无二。孔雀石的名字中虽含有“石”字，但石头的坚硬与稳固与它基本不沾边，孔雀石的韧性差、易碎、害怕碰撞，像玻璃一样。

趣味活动三：奇趣国石拍拍拍

活动要求：

经过对本篇内容的阅读，我们认识了很多国家的国石。请你在参观地质博物馆的过程中，找出研学导师制定的 5 种国石并合影拍照。准确拍完并且用时最少的那个人为优胜者。

第四篇 DI SI PIAN

地质与人

地质环境主要指岩石圈，它是地球亿万年来不断衍变的结果。

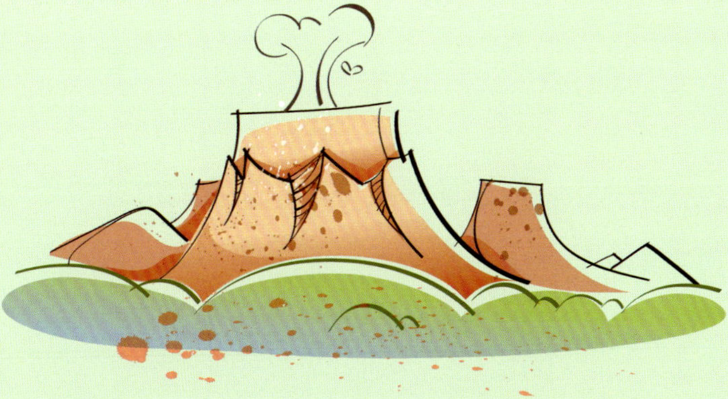

1. 步入地质环境

地质环境是由大气、水、岩石、浮土这四类物质共同构成的生态体系。也有人认为地质环境是由两类物质组成，即岩石与浮土。人类和其他生物与地质环境共存且彼此影响，人类与生物依托地质环境休养生息，地质环境则在人类和其他生物的影响下，不断改变普通化学成分和结构。

地质环境：是岩石圈、水圈以及大气圈三个圈层构成的自然环境系统。在地质历史衍变进程中，形成一个相对平衡的开放系统，不同圈层之间可以实现物质的迁移和能量的转换。

2. 地球的三个圈层

地球由地壳、地幔以及地核三个圈层共同组成，每两个圈层之间由“莫霍面”和“古登堡面”加以分隔。

3. 地质环境

地质环境是地球演化的产物。

（1）地球的外壳——岩石圈

岩石圈俗称“地壳”，是地球表面的固体部分。地表厚度并不均匀，分布在 5~65 千米不等，总体来看地表平均厚度约为 30 千米。现阶段我们观测与接触到的地壳层，仅为最表层浅的一部分。

地壳表面上大多为浮土与基岩。土壤和岩石碎屑共同构成了浮土，其质地相对稀松，厚度在几十米到几千米不等。基岩则是露在地表或位于浮土之下的坚硬岩石。小朋友们不要小看浮土，它可能是很多年前由基岩风化而成的。

经过对多种岩石的实验分析，岩石圈外层近 16 千米的岩带中，富含氧、硅、铝、铁、钙、钠、钾、镁等多种元素，以上 8 种元素占岩带重量的 98%。岩石圈内物质的分布并不均匀，因为在不同地区不同的岩石中矿产储量并不相同。

（2）生命的摇篮——水圈

地壳表面除了岩石，还有水。地表和环绕在大气层中的各种形态的水共同构成了水圈，这是地球外圈中最灵动积极的一层，其特点为具有连续性且不规则。

（3）地球的厚被——大气圈

大气圈多指大气层，大气的成分主要包括氮气、氧气，以及小量二氧化碳、稀有气体和水蒸气等。根据大气层的高空高度所展现出的不同特征，可将大气层划分为对流层、平流层、臭氧层、中间层、热层和散逸层，直至星际空间。

（4）最大的生态系统——生物圈

生物圈指地球上任何出现并感受到生命活动影响的地区，是地表有机体包括微生物及其自下而上环境的总称，是行星地球特有的圈层。它也是人类诞生和生存的空间。生物圈是地球上最大的生态系统。

4. 地质环境同人类和其他生物的关系

地球的生物圈经过十几亿年不断地繁衍生息，成为当今万物可以正常生活的环境。

（1）生物栖息的场所和活动空间

地质环境给生物供给水分、空气和各种营养。因为存在着明显的区域差别，致使生物的演化方向并不相同。

英国科学家曾对人体脏器进行解剖化验，证实人体组织（特别是血液）中的元素占比和地壳中相同元素之间的占比之间存在着直观的相关关系。这个结论再次验证了人体是由地壳物质演化而来的。

（2）矿产和能源的提供者

人类从地层中采掘的矿石，并从中提取矿产资源，如一些金属及非金属物质。此外，煤、石油、天然气，以及放射性物质中也都蕴含丰富的能源。然而，这些资源都是经历了极长期的地质时代才形成的，是不可再生资源，在开采利用后，很难在短时间内再次形成。因此要注重对矿物资源的合理开采和使用。

（3）人类的影响与日俱增

随着科技水平的持续提高，人类对地质环境的影响越来越大。如矿产的采掘、水库的兴建、公路桥梁的架设等，都对地质、地貌有所改变；大量房屋修建、围海造田，都会对森林和草原有大规模的破坏，导致水土流失、土地沙漠化；全球气候变暖、大量工业气体的排放等，也都对环境产生了影响。

5. 地质故事

在两三百万年前，地球的气候极为寒冷，日常气温低于 0 摄氏度，终日白雪笼罩。冰雪累积形成冰川或冰河，并在岩石上刻下了其流动的痕迹。因而可以依照这些痕迹来反向判断冰川的分布。

中国在 200 万 ~300 万年（第四纪）前的时代有没有冰川的问题，曾激发了众多学者的研究热情。然而外国专家推断，在第四纪时期中国没有冰川。由于当时中国的科技并不发达，对于国外专家的推断，我们无言以对。

1921 年，中国科学家李四光在太行山东麓、大同盆地等地进行地质科考时观察到了冰川流动的遗留痕迹。这些痕迹足以证明，在第四纪时期，中国的确存在冰川活动。此后，李四光开展了更为全面的野外考察，成功收集到了大量的带有冰川擦痕的漂砾。尽管研究过程中也曾受到国外学者的质疑和否定，但李四光始终没有放弃研究。

最终在 1922 年，李四光将他的几次考察结果进行总结梳理，撰文《华北晚近冰川作用的遗迹》，并在伦敦发表。这不仅确定了李四光在国际地质研究上的学术地位，更激励他继续带领学生们冲破难关，进一步探索祖国更多的冰川遗迹。

20 世纪 30 年代初期，通过深入的冰川考察，李四光对中欧古今冰川做以对比，最终明确了以庐山为代表的中国第四纪冰期、间冰期（两冰期之间的温暖时期），为我国第四纪冰川学的研究和发展打下了牢固的根基，促使学科向前蓬勃发展。

趣味活动四：我是地球守护者

活动要求：

（1）保护地球小倡议

地球是我们唯一的故乡，人类活动和地球命运息息相关。可是由于环境污染，地球的命运正在发生着改变。让我们做地球的守护者，快来写一写保护地球的倡议书吧。

（2）保护地球实践活动

和身边的人分享你的保护地球小倡议，呼吁身边的人一起守护地球。

趣味活动五：山的形成

岩层在正常情况下是一层层由下（老）到上（新）水平排列着的，一旦岩层接受来自地壳运动而形成的强大压力时，就会变弯，导致褶皱的出现。褶皱有背斜和向斜两种基本形态，这就是我们见到的“山”。

实验所用的饼干可以看作是水平岩层。一旦我们用手对饼干施力时，饼干就会变形并产生褶皱，即背斜和向斜。此时褶皱背斜为山、向斜为谷。此后，因为存在外力，背斜顶端的物质变得松散且易侵，进而成为山谷。向斜两边物质虽亦松散，但底槽处物质排列更为紧凑，不易被侵蚀，进而演进为山岭。

因此，区分褶皱的基本形态需要依照岩层新旧关系来判断，只看地表形态不能准确得出结论。

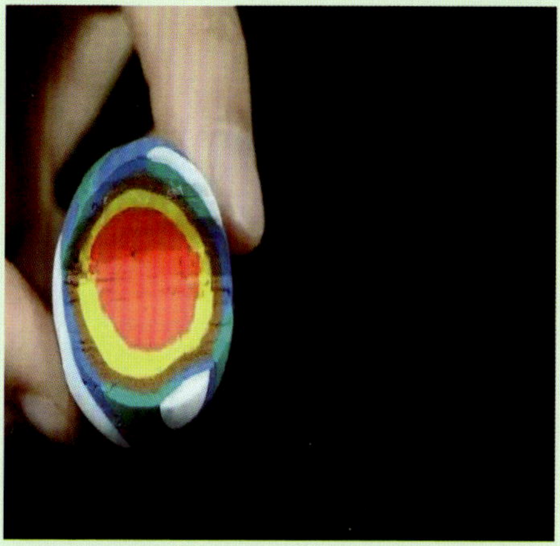

趣味活动六：DIY 地心模型

用红色超轻黏土揉成一个圆球，作为地球地核。

用黄色黏土搓成球后压扁捏成圆饼状，将地核放在土饼中心，用黄色黏土包裹住并搓成球制成地幔。

取棕色黏土按照同样的步骤搓成球，制成地壳。在地壳外用不规则的蓝色黏土包住，制成水圈。

用绿色黏土补充，制成生物圈。

贴上白色黏土，制成大气圈，一个地球模型制作完成！

用小刀小心切开球体，观察地球的内部结构。

第五篇

DI WU PIAN

地质灾害与应急

地质灾害是地球在不断的演进变化历程中，因为不同地质作用导致的灾害性事件。灾害在时间、空间节点的分布上都呈现一定的规律。地质作用在地球发展变化中，可能引发地震、泥石流和山体滑坡等情况，是地质灾害的主要导火索，这些灾害严重影响了人们的正常生活。

1. 地震

人们常说的地震，实际上即地壳运动导致的地表快速震动。地震分成不同的级别，小的地震没有什么影响，但强烈的地震可以使现代化的城市在瞬间变成废墟，造成大量的人员伤亡。与地震相伴的往往还有大量的衍生灾害，如火灾、海啸、山体滑坡、病毒漫延等。

（1）地震的基本概念

下面让我们学习几个常伴随着地震出现的关键词。

震源：地球内部直接发生破裂的地方。

震中：地面上正对着震源的地方。

震中距：震中到地面上任一观测点的距离。

震源深度：震源到震中的距离。

极震区：震后破坏程度最严重的地区。

（2）震级的区分

按照地震的级分类

地震也分成不同的级别，不同级别之间影响力存在差异，地震的级别用数字标示，随着数字的增加而增强。

弱震：小于 3 级的地震。

有感地震：大于 3 级、小于 4.5 级的地震。

中强震：大于 4.5 级，小于 6 级的地震。

强震：大于 6 级的地震。

巨大地震：大于 8 级的地震。

按地震的远近分类

地方震：震中距小于 100 千米的地震。

近震：震中距为 100~1000 千米的地震。

远震：震中距大于 1000 千米的地震。

（3）几次破坏性较强的地震

唐山大地震。1976 年 7 月 28 日是中国地震史、甚至是世界地震史中难忘的一天，这一天河北省唐山市发生了强烈的地震，震级高达 7.8 级。地震带来了巨大的灾难，超过 24 万人因此失去了生命。

汶川地震。四川省汶川县于 2018 年 5 月 12 日发生了大地震，震级高达 8.0 级，严重受灾的县区达到 44 个，受灾乡镇 1061 个，受灾人口大约 2000 万人，直接受灾人数 1000 多万。

2. 海啸

海啸可以理解为海底的地震。海浪由于海底地震的作用，变得凶猛巨大。深海区的海啸人们很难观察到，但到了浅水区时，这些海浪便争先恐后地冲上陆地，肆意对沿海的房屋与生命进行摧残。海啸在海洋里的传播速度为每小时 500~1000 千米，而相邻两个浪头的距离可达到 500~650 千米。

（1）2004 年印度洋海啸

死亡人数：约 22.6 万人。

原因：海底地震。

印度尼西亚苏门答腊岛海岸在 2004 年 12 月 26 日发生了长达 10 分钟的大地震，震级为 9.1~9.3 级。地震引发的海啸导致印度尼西亚死亡 16.6 万人，斯里兰卡死亡 3.5 万人。这场海啸共造成 22.6 万人死亡，是人类历史上死亡人数最多的海啸灾难。

（2）2011 年日本海啸

2011 年 3 月，日本遭遇了由 9.0 级大地震引发的海啸的冲击，环太平洋国家均不同程度受灾。

3. 地震和海啸最频繁的国家

破坏性海啸主要发生在环太平洋岛弧海沟地带，仅在这个地方发生的海啸就占了全部海啸事件的 85%。日本由于其特殊的地理位置，是世界上最常遭受地震和海啸的国家。

截止到目前已有统计，全球共发生过超过 5000 起的海啸事件，频率为 6~7 年一次。

4. 地震应急科普

（1）学校避震

在操场或室外，最佳避震场所是空旷的场地，下蹲双手护头。

在教室内，第一选择是跑向教室外空旷的地方；在时间紧迫时，双臂护头，下蹲躲在桌下。

地震时间较短，非特殊情况下不要乱动。

强震过后还会有余震，已经在室外的同学，暂时不要回到教室去。如还在室内的同学,在暂时安定的时间,向外跑。

发生危险时，要在老师的指挥下有序逃生。

（2）家庭避震

抓紧时间紧急避险。时间是最宝贵的，家里因为很多是楼房，跑出去的可能性并不是很大。在只有轻微晃动时，最有效的方法是躲在安放牢固的家具旁。

选择合适的避震空间。当前的城市房屋质量一般较好，室内会进行相应的防震设计。大家选择时，可以选择安全的避震空间：如承重墙墙根、墙角；水管和暖气管道等处。

做好自我保护。地震发生时最重要的是保持冷静，第一时间选择躲避处。要用手臂护住头部，放低重心或借助固定物体，以保持身体平衡。与此同时，也要注意保护眼睛、口、鼻。可用湿毛巾堵住呼吸道，使用楼梯逃生。

（3）震后自救

地震发生时，所有人都应该先保证自身是安全的，然后再对他人施以援手。施救的顺序是先救易，后救难；先救近，后救远。

如果不幸被埋在废墟下，不要放弃，最重要的是保存足够的体力，寻找逃生通道。如果没有可以逃生的通道，则利用身边的物体，击打出声，给予施救人员信号，发出求救信息。

地震后，经常伴有余震，虽然不会致命，但可能会使处境恶化。应利用空隙改善自己所处环境，暂时无法脱身时，寻找可能获得的应急包及其他救生物资。

地震后，最重要的是清理脸部、头部、胸部的杂物，保持呼吸通畅。其次是寻找物体支撑、稳定身处的空间，避免被掉落的物体砸伤。

长时间未得救的话，要尽量搜索食物和水源来维持生命体征，必要的时候，尿液等也可以维持生存。

（4）震后救援口诀

发现生命先送水，清口鼻补生理液；
臀部肩膀往外拖，不可硬拽伤关节；
伤口出血靠压迫，夹板木棍定骨折；
颈腰损伤勿扭曲，硬板移送多人托；
救出无气似已死，洒水淋身或“复活”。

趣味活动七：地震常识咔咔咔

活动要求：

师生围成一圈，一边拍手，一边跟着节奏跳跃。

当主持人出判断题并说“回答开始”以后，所有人做出选择：认为“对”的就三人一起，认为“错”的就两人一起（根据参与人数多少随时决定）。剩到最后的队员即为胜利。

“科学之旅”系列丛书
编委会名单

《科学之旅——观鸟日记》

1. 执笔人——李艳荣

李艳荣，出生于 1970 年，本科学历，市级数学骨干教师，青龙第一实验小学教学校长。所讲的课先后有 23 节被评为省、市级优质课；主持的 2 项课题获得省级科研成果二等奖；先后获得“优秀教师”“十佳名师”等荣誉称号。

寄语：同学们！鸟的世界丰富多彩，你对鸟类的知识知多少？今天，让我们一起走进鸟的世界，共同感受鸟类的神奇！同时，我也希望在未来的日子里，我们都能爱护鸟，让鸟永远自由地飞翔在蔚蓝的天空！

2. 综合实践名师——蔡悦茹

蔡悦茹，出生于 1975 年，本科学历，河北省综合实践活动研究专业委员会理事，市级综合实践骨干教师，秦皇岛市北戴河区综合实践名师工作室主持人，北戴河区教师发展中心综合实践活动课程研训员。讲授的近 30 节课被评为国家、省、市级优质课；主持、参与近 30 项市级以上课题研究，其中 5 项研究成果分别获得省级优秀教学成果奖、市级科研成果奖；先后多次获得“优秀教育工作者”“优秀教师”“课程管理先进个人”“学科带头人”“优秀教研员”等荣誉称号。

寄语：江碧鸟逾白，山青花欲燃。

同学们，鸟是四季的使者，是大自然的歌者。鸟在中国的文化中象征着美好和高贵，鸟类和人类的关系也非常紧密。我们的家乡北戴河有着非常丰富的鸟类资源，需要我们去探究和保护。让我们和鸟类一起，满怀期冀，让梦想飞翔。

3. 科普基地负责人——李军

寄语：小朋友们，鸟儿是人类的好朋友，正是因为有了它们的存在，我们才能感知鸟语花香美好。可是鸟有哪些种类？鸟靠什么传递信息？鸟能倒着飞吗？鸟在迁徙的时候为什么不会迷路？愿你们在学习生活中，不断了解与鸟有关的知识，并爱护它们，让地球留下更多鸟儿的身影！

序

preface

千古一帝东寻仙，东临碣石魏武帝，白浪滔天，鸥鸟铺天际。

看海观鸟，探地质阅长城，徒步秦皇岛科普基地。一趟科学之旅，将开启青少年不一样的旅行。全新的“地理文化＋科技体验＋互动娱乐”研学旅游模式，将带你于实践中、书香中探索秘密。

“科学之旅”丛书，由河北省科学技术协会、秦皇岛市科学技术协会、秦皇岛市示范科普基地共同组织编写。这是一套面向青少年的研学旅游科普读物，是青少年了解和学习海洋、地质、鸟类及长城历史的绝佳读物。丛书图文并茂，科学翔实，简单易懂。轻翻书页，徒步科普基地，沉浸在包罗万象的博物馆中。

本套丛书共四册：《科学之旅——万里长城》《科学之旅——地质之美》《科学之旅——观鸟日记》《科学之旅——海洋精灵》。每册分为知识篇与实践篇两个部分，将科普读物与科普基地有机融合起来，内容概要如下：

第一册《科学之旅——万里长城》。以秦皇岛长城之首——老龙头——为参观基地，介绍长城历史、构造、作用及著名的长城遗迹，将这座伟大的建筑全方位地展现给青少年读者。

第二册《科学之旅——地质之美》。以全国科普教育基地——秦皇岛柳江盆地地质博物馆——为参观基地，了解地球原貌及漫长的历史，揭开隐藏在地表下的秘密，教你辨别岩石、玉石、化石等不同的石头。

第三册《科学之旅——观鸟日记》。以北戴河翼展鸟类救养中心为参观基地，选出100种有代表性的中国鸟种，编辑成观鸟指南，并附有剪影图索引和观鸟地图，便于青少年在野外或室内查阅、比对，走进形形色色的鸟类世界。

第四册《科学之旅——海洋精灵》。以秦皇岛新奥海底世界为参观基地，探寻深海海底宝藏，零距离接触海洋精灵，寻找新型能源……并认识到污染

海洋的严重后果，学会保护海洋。

孩子宅在家里打游戏，窝在沙发上玩手机，是家长和老师最不愿看到的景象。走出家门，走向大自然，徒步旅行进行科学探究，是孩子们度假游学的最佳选择。然而，如果孩子没有一定的知识储备，无论走多久走多远，也无从深入了解“人与自然和谐相处”的精髓，旅行的收获也会大打折扣。

幸好，精典读本“科学之旅”系列丛书，为青少年研学旅行提供了知识指南和借鉴，鼓励并指导孩子们用明亮的眼睛去看世界，用稚嫩的手去触碰世界，与科普基地、与大自然融为一体。孩子们通过系列阅读和科学探究，必将开拓创新思维，培养创新意识，全面提高科学素质，感悟大自然的力量。

当科学少年遇到科普基地，会碰撞出哪些意想不到的火花呢？

山河壮，少年强！自然美，少年智！赶快跟着科学去旅行吧！

苑社民

2018 年 5 月

目　录

contents

第一篇 认识鸟类

DI YI PIAN

鸟类是地球上唯一一种披有羽毛的动物，其前肢经过进化成为翅膀。鸟类的骨骼是中空的，有助于在飞行中减轻体重。鸟类都是卵生动物，目前全球范围内人类已经认识的鸟类有9000余种，而其中的120~130种已经灭绝。

1. 鸟类的骨骼

鸟类的骨骼是中空的，有很多充满空气的空隙，这样鸟类的骨骼就比其他动物的骨骼轻，在天空中飞翔的时候才能够轻松自如。

2. 鸟类的翅膀

翅膀是帮助鸟类飞行的重要器官，它们能够动作协调一致，进行十分有效的飞行动作。

鸟类的翅膀包括轻而坚韧的骨骼以及覆盖着羽毛的肌肉。最末端的羽毛叫飞羽，也是翅膀上最大最坚韧的羽毛。有些鸟类的翅膀已经退化，不具备飞翔能力了，比如鸵鸟、企鹅等。

3. 庞大的鸣禽家族

鸟类是一个庞大的家族。

世界上已知的鸟类有 9000 多种，分成 28 个目，也就是28个群，其中半数以上都是鸣禽。鸣禽家族主要分支都源自澳大利亚，然后再分化出各种各样的品种。

4. 鸟类的标志——羽毛

鸟类体表覆盖着羽毛，它们轻而坚韧，稍有弹性，并且防水。鸟类的羽毛保暖效果很好，我们冬天穿的羽绒服就是用鹅或鸭子等的羽毛制作而成的。羽毛是鸟类飞行的工具，没有羽毛，鸟类便无法翱翔蓝天。

有一些鸟儿拥有漂亮的羽毛，这让它们成为了人类喜欢欣赏的观赏鸟。鸟类的羽毛是世界上最美丽最温暖的“外衣”，拥有这样的外衣，鸟类成了世界上最优美的空中精灵。

（1）极乐鸟的羽毛

产于巴布亚新几内亚的极乐鸟是全球最美丽的鸟类之一，500年前被引入欧洲时，人们就因其羽毛色彩鲜艳而被吸引，相信这种鸟一定是从天堂而来，所以也称之为“天堂鸟”。

（2）孔雀的尾羽

雄孔雀拥有鸟类中最美丽的尾巴，开屏时，尾羽如同展开的扇子，又像一道华丽的丝绒屏风，色彩交织辉映，日光下愈发绚丽。尾屏上面布满了蓝色的“眼睛”，既能吸引异性，同时又可以震慑敌人。

（3）鹦鹉的羽毛

鹦鹉不但聪明，善于模仿人类说话，而且拥有漂亮的羽毛，羽毛的颜色各种各样，深受大家喜爱，而原产于非洲的牡丹鹦鹉的羽毛更是鲜艳美丽。

（4）火烈鸟的羽毛

火烈鸟常常食用贝类和小虾，其中的红色素进入了羽毛，羽毛便显现为红色，红色的羽毛就像燃烧的烈火，“火烈鸟”因此得名。

（5）戴胜的冠羽

戴胜头顶有凤冠状的冠羽，顶端长着黑斑，冠羽平时形成褶皱相叠，看不出来，直立竖起的时候就像打开了的折扇，会跟着戴胜的叫声起伏。

戴胜喜欢在软沙地上刨坑，并在其中进行沙浴，这样便可以把羽毛中的寄生虫清除出去。

5. 鸟类的歌声

鸟类的叫声其实就是它们的语言，它们通过不同的声音向同伴传递不同的信息。呼唤一般没有乐感，只是简短的提示，通常用来引起同伴的注意，或是和群体保持联系。如果叫声像唱歌一样有音乐感，那一般是用来吸引配偶或证明自己对地盘的拥有权。

6. 鸟类的食物

由于种类不同，鸟类的食物形形色色、五花八门。比如野生的果实、植物的种子、昆虫，甚至是水中的鱼、草原上的兔子，等等。有些鸟类独特的进食习惯使它们可以吃到别的鸟类无法吃到的东西。

（1）毛虫大餐

毛虫的毛有毒，人的皮肤接触了会引发皮疹，但是毛虫是杜鹃的美餐。杜鹃的胃内壁能够在脱落后和毒毛卷成球状，再咳出体外。

（2）吃蜂蜜的鹰

我们都知道鹰是凶猛的猎手，善于捕食其他鸟类或兔子等小型哺乳动物，然而名字类似的蜂鹰除了捕食小动物外，还非常喜欢吃蜂蜜、蜂蜡和蜜蜂。蜂鹰脸上浓密的羽毛使它们不用怕被蜜蜂蜇。

（3）鸟吃石头的秘密

许多以植物为食的鸟类会把石粒和砂粒吞进胃中，

借此磨碎胃中的植物，以促进吸收消化。

（4）大小与多少

鸟类的身体越是小巧，越需要不断进食。欧洲有一种叫小戴菊的鸟，几乎整天都在吃东西，以获得足够的能量，用来度过寒冷的夜晚。身体稍微大些的鸟却可以几天不吃东西而不受影响。

7. 鸟类的天敌

不同的鸟有不同的天敌。鸟类中的猛禽也是其他小型鸟类的天敌，此外还有些更小的动物也以捕食鸟类为食。当然，最可怕的还是人类的猎杀。

（1）人类

有人类居住的地方就有对鸟类的屠杀，人类对鸟的捕猎已经使许多珍稀的鸟类灭绝了。

长期以来，因为人为的破坏，环境因素发生变化，全球上百种鸟类已然灭绝，另外还有约200种鸟类濒临灭绝。不妨说，严重的环境污染会对鸟类造成几近毁灭性的影响。如果没有有效的措施，人类将成为鸟类灭绝的最大凶手。

（2）蛇

蛇喜欢吞食鸟蛋和幼鸟，因为蛇有良好的爬树本领，所以架在树上的鸟窝常常成了蛇的“餐桌”，蛇也就成了幼鸟最大的威胁。

蛇有着优秀的捕食本领，可以吞下体积大于自身很多的食物。非洲有一种食蛋蛇，能够吞下鸡、鸭的蛋，并且会在将蛋清和蛋黄吃掉之后，把蛋壳吐出来。

（3）猫

实际上猫是很难抓到成鸟类的，但是猫对鸟类的威胁却很大，因为猫是破坏鸟巢的高手，因此鸟类听到猫的叫声总是会惊慌而逃。

（4）食鸟蛛

食鸟蛛体长15~20厘米，主要生活在热带，所织的网可以承受300克的重量。当小鸟不幸坠入网中后，食鸟蛛就分泌毒液毒死猎物，然后再慢慢吃掉。食鸟蛛也因为捕食鸟类而得名。

（5）鹰

鹰不仅捕食地面上的动物，如兔子或者蛇等，有时候它们也捕捉麻雀之类的小型鸟类，甚至人类饲养的鸡、鸭也会成为鹰的捕食对象。

（6）酸雨

鸟类对酸雨极其敏感，非常惧怕这种异常天气现象，因为酸雨会腐蚀鸟类的角膜，使它们患上眼疾，最后影响正常的捕食，导致死亡。

8. 鸟类的寿命

由于种类不同，鸟的寿命从几个月到几十年不等，但是多数鸟的寿命都不是正常结束，而是因为外界因素而过早地结束。有些人认为，鸟类寿命的规律，是体形越大的鸟，寿命就越长。

（1）鹦鹉寿星

伦敦动物园的考基是一只葵花凤头鹦鹉，这只大鹦鹉于 1982 年 10 月死去，它起码活了 80 岁。

（2）长寿的信天翁

信天翁是公认的鸟类寿星。新西兰的奥塔哥有一只雌王信天翁活了 58 岁。漂泊的信天翁寿命相对更长，通常寿命在 80 岁左右。

（3）短暂的幼鸟寿命

在自然界中，鸟蛋经常成为其他动物的食物，即使孵化出来的小鸟也有很多因为捕食或疾病、饥饿以及气候原因而死去。一旦它们能够顺利到达成年，那么存活下来的机会将大大增加。

（4）知更鸟的寿命

欧洲知更鸟平均只有 6 个月的寿命。因此，来年在同一个花园里看到的知更鸟或许已经不是原来那只了。但也有记载显示，野生知更鸟存活时间最长可达 12 年零 11 个月。

（5）长寿的神鹰

莫斯科一家动物园内名叫基泽亚的雄安地斯神鹰，在 1964 年死去的时候已经至少活了 77 年。

（6）过早夭折的鸟

大约 75% 的野生鸟类活不到 6 个月就夭折了。数百万只鸟死在猫的爪子下，同等数量的鸟死在车轮之下，而更多的则死于疾病、饥饿、恶劣的气候以及狐狸和其他猛禽的攻击。

（7）意外事故

一些鸟会不小心撞到飞机上丧命，这些意外事故称做“鸟击”。这些事故不但使鸟类自身难保，而且也给飞机带来了极大危险，甚至有可能导致飞机坠机。

趣味活动一：我是小导游

活动要求：

（1）通过本篇的学习，我们认识了鸟类。今天让我们来做小导游，介绍鸟的身体结构及它们的食物、天敌及寿命等。

（2）可以选择自己喜欢的解说风格解说，比如：新闻联播、动物世界、天气预报等。

（3）两人一组或几人一组互相说一说，做一名出色的小导游吧！

第二篇

DI ER PIAN

不同居住地的鸟

适者生存。不同的鸟类，生活的环境也不一样。有的鸟生活在海洋中；有的鸟生活在沼泽、湿地和浅水中；有的鸟生活在草原上；有的鸟生活在沙漠中；还有的鸟生活在笼子里。

1. 海鸟

海洋中有大量的鱼、虾和水藻等水生生物，为鸟类提供了丰富的食物来源，而且这里远离人类和猛禽，是鸟类生活的天堂。海鸟虽然在海上捕食，但是巢都筑在陆地上，所以航海时如果看到成群的海鸟，也就意味着距陆地或岛屿不远了。

（1）红嘴鸥

红嘴鸥的身体以白色为主，翅膀和背呈灰色，嘴和脚均为红色，所以叫红嘴鸥。每个冬季都会有大批红嘴鸥从遥远的西伯利亚飞到我国昆明来度过寒冷的冬天。

（2）冲入水中的捕食者——塘鹅

塘鹅属于国家二级保护动物，它能够从 30 多米高的地方跳入海中捕食。它们的头和嘴附近都长着富有弹性的骨头，喉咙和胸部周围充满了气囊，能够减缓海水对身体的冲击。

（3）雪海燕

雪海燕生活在南极附近，是海燕家族中最漂亮的一种。雪海燕浑身雪白，唯有眼前的毛和嘴巴呈现黑色。它们常常在南极大陆边缘的海面上翱翔，寻找被海浪翻起的小动物。

（4）暴风海燕

暴风海燕的身体上部墨黑，尾部雪白。展翅飞翔的海燕甚至可以垂直上升，在暴风雨中依然直冲云间。

（5）贼鸥

贼鸥算得上是鸟类中的“江洋大盗”。它整天偷其他鸟类的蛋，而且向来不会自己筑窝，都是使用霸道的方法占据它鸟的巢穴，偶尔还会从其他鸟兽嘴下争夺猎物，常被人称做“空中强盗”。即使贼鸥长有褐色干净的羽毛，乌黑发亮的粗嘴喙，圆滚滚的眼睛，聚神的英俊外表，但是它常偷窃的习惯仍然招人厌恶。

（6）三趾鸥

三趾鸥在峭壁间狭窄的岩石上筑巢，并在附近盘旋保护窝巢，驱逐陌生的成鸟。幼鸟为了不被误伤，头的后部都是黑色的，与成鸟的白色脑袋形成对比。

2. 水鸟

全球共有近 200 种水鸟，它们分别生活在世界各地的沼泽、湿地和浅水中，一般水鸟以小鱼和水生昆虫为主要食物。因为嘴的长度不同，即使几种水鸟聚集在一起，也不会影响它们寻找食物。

（1）潜水鸟

潜水鸟是唯一能够潜入水里的鸣鸟。它站在水中的岩石上，将头没到水中，寻找食物。潜水鸟甚至能在水下用翅膀游泳和“奔跑”。

（2）浑水摸鱼的火烈鸟

火烈鸟在吃食的时候，将大嘴反向朝上，在水里搅起泥浆，然后将水吸进嘴里，再把水从嘴边上的像筛子一样的部分喷出，这样就将虾和水藻过滤留在嘴里。

（3）锯嘴鸟

红胸秋沙鸭又称为锯嘴鸟，它们的嘴很窄，边缘很像锯齿，能牢牢地夹住光滑的鱼。

（4）遮阳伞——苍鹭

苍鹭俗名“长脖老”，非洲的苍鹭常在水面上张开翅膀，遮住太阳，就像一把遮阳伞。这样不仅可以更清楚地看到鱼，而且水底下的鱼也会被阴凉吸引过来，便于苍鹭捕食。

（5）蛇鹈

蛇鹈的脖子和头很长，游泳时只露出脖子和头，就像蛇一样，所以叫蛇鹈。它吃鱼的时候先用嘴将鱼叉住，然后再用力甩头把鱼抛向空中，接住并吞掉。

（6）撇水鸟

撇水鸟的嘴看上去似乎长倒了，因为嘴的下半部分比上面长。它的下嘴像刀子一样切入水中，遇到鱼时，撇水鸟就合上嘴将鱼逮住。

（7）潜水脱险的水鸡

水鸡在水塘和湖上游泳，一旦发现危险就潜入水中，它们会用双脚抓住水草，嘴尖伸出水面呼吸空气，等待危险过去后再浮出水面。

3. 沙漠中的鸟

沙漠地区的年降水量一般不多于 25 毫米。酷热而且荒凉的沙漠，常被人类称作“死亡之地”，但是就在这样恶劣的环境下，依然有鸟类的踪迹。

有些鸟类在这样严酷的环境下不但生活自如，而且还掌握了丰富的沙漠生存经验。因为它们体温高，所以失水少。一些鸟类还通过在白天增高体温的方式来降低水分蒸发。更多沙漠鸟类只会在日出前以及太阳下山后的时间内活动，其余时间则会躲在相对凉爽、阴凉的区域内。

（1）鸵鸟

鸵鸟是沙漠生活的鸟类中最有名的。它纤细修长的脖颈上顶着一个“迷你”的“摄像头”。鸵鸟是现存体形最大的鸟类，也是一种不能飞行的鸟，但是非常善于奔跑。

（2）蛇鹫

蛇鹫是一种非洲食肉鸟，它的嘴和鹰

相似，有冠鹤般的羽冠，鹤一样的体形和长腿，还有鹳一样的飞翔姿态。蛇鹫可以捕食鼠、蜥蜴及昆虫，同时也是蛇的克星。

（3）白尾地鸦

白尾地鸦是名副其实的沙漠鸟，生活在中国的塔克拉玛干沙漠中。它们习惯于快速行走，常把巢穴筑在沙漠胡杨或灌木丛中。

（4）棕曲嘴鹪鹩

棕曲嘴鹪鹩喜欢生活在沙漠中的仙人掌附近，它们总是将巢建造在仙人掌的利刺之间，这样能有力地防御敌人的侵犯。

（5）把仙人掌做公寓的姬鸮

生活在美洲的姬鸮，在仙人掌洞里筑巢栖息，仙人掌锋利的尖刺就成了姬鸮天然的保护堡垒。

（6）沙漠水车——沙鸡

沙鸡生活在荒漠里，能飞行长达 80 千米去饮水。还会将羽毛浸湿，为了飞回巢穴给不能飞翔的幼鸟喂水。

4. 草原中的鸟

在辽阔的大草原上，蓝天白云之下，有鸟儿尽情地歌唱、自由地飞翔，鸟类家族的身影随处可见。

（1）草原精灵——百灵鸟

百灵鸟用草叶还有细蒿秆在草丛里做窝。它们以草原上的草籽、嫩叶、浆果和昆虫为食，经常一边唱歌，一边扇动翅膀舞蹈，在广阔的草原上用歌声来传递信息。

（2）秃鹫

秃鹫在非洲大草原上空盘旋，搜寻食物。秃鹫是食腐动物，它们很少杀死猎物，而是寻找动物的尸体，有时候一只大型动物的尸体上会聚集 200 只以上的秃鹫。

（3）预报天气的鹰

鹰的体型较大，头和喙较重，它强健有力，通常将巢筑在很高的树上，或是陡峭的山壁上。

鹰对天气的变化有一定的感知能力。草原的清晨，如果东方出现朝霞可是未出现盘旋的鹰，则天气一定会大变，狂风骤雨甚至冰雹即将来临。晚上月亮高挂天空，如果这时听见鹰的鸣叫，那么第二天一定是个好天气。

（4）穴鸮

穴鸮喜欢生活在美洲平原上废弃的犬鼠穴里。它夜晚出来捕猎，白天守在洞口。在受到惊吓或遇到危险时，会发出类似响尾蛇的声音来吓唬敌人。

5. 笼子里的鸟

鸟类原本属于自然界，但是人类为了自己的爱好和快乐，将某些鸟儿捕捉驯养成了宠物。

（1）鹦鹉

鹦鹉的种类繁多，大小不一，有虎皮、牡丹、大非、玄风等，是养鸟者喜欢的宠物。它们不但羽毛艳丽，有的还有高超的语言学习能力，能形象地模仿人类的各种语言。

（2）画眉

画眉鸟的叫声高亢激越，宛转绵长，极为悦耳。它眼睛上面的白毛就像眉毛一样，非常可爱，是宠物鸟中最著名的观赏类鸟。

（3）金丝雀

饲养的金丝雀以白毛和红眼睛为最珍贵的品种。它们叫声清脆悠长，很讨人喜欢。

（4）八哥

八哥全身漆黑，额头生着直立的羽毛簇，就像带着冠一样，在飞行的时候可以更加清楚地看到其翅膀上的白色斑点。八哥在我国南方很是常见，它们既对农林有益处，同时也成为了很多人饲养的一种笼养鸟。八哥可以模仿其他鸟类的叫声，还可以模仿一些简单的人语，因此很多人愿意养这种鸟类，此外，八哥还被引入了菲律宾、加拿大等国家。

6. 养鸟心经

如果你没养过鸟，最好先选择从文鸟、黄背鹦哥等鸟养起，因为它们体格健壮，繁殖简单，较好饲养。但是养鸟之前一定要详细了解它们的饲养方式。如果不懂得养鸟，最好请教专业的养鸟人，否则很有可能会损害小鸟的健康。

（1）宠物鸟的孵化

在每年 4 月和 9 月，一定要准备些细枝、干草给小鸟。它们做窝下蛋后，尽量不要去查看鸟巢内部，否则小鸟可能会放弃孵蛋或者干脆将蛋吃掉。

（2）给小鸟喂食

小鸟每次吃的不多，但是消化很快，一天要吃很多顿饭。只有不断补充食物，才能满足小鸟的进食，同时要保持食物的新鲜。

（3）给小鸟洗澡

百灵和云雀等鸟喜欢沙浴，这样就要准备一些细河沙，并将沙子洗干净，晒干或烘干后放在笼子底。如果小鸟不肯洗浴的时候，就表示沙子脏了，需要更换了。

趣味活动二：鸟类精灵拍拍拍

活动要求：

不同居住地的鸟有五类：水鸟、海鸟、沙漠中的鸟、草原中的鸟、笼子里的鸟。请你在鸟类博物馆中为小鸟拍照，任意拍3类鸟，每类至少拍2只。准确拍完并且用时最少的人为优胜者。

第三篇

DI SAN PIAN

鸟的神奇

世界上最为灵动的生命就是鸟类，它们的存在给我们的世界增添了无限生机。无论是清脆的鸟鸣，还是它们飞翔的身姿，都在宣告着生命的神奇！无论是它们的建筑、搬家还是躲避敌人，都体现了鸟类智慧的神奇！那么鸟类都有哪些高超的本领和神奇之处呢？赶紧看看吧！

1. 鸟的智慧

鸟类的大脑很小，能学到的东西自然也要少很多。但是有些鸟类天生就掌握了很多本领，它们的大脑就像一部在出生时就已经装配好程序的计算机一样，人们把鸟类这些天生的能力理解成它们的本能。

（1）天然罗盘

迁徙的鸟儿可以通过途中的标记、气味、声音来判断和确定方向，也会本能地利用太阳和星星做罗盘。然而，鸟类如何利用它们的生物罗盘来辨别方向一直是个谜。

（2）最聪明的鸟

以身体比例计算，我们熟悉的乌鸦与黑猩猩的大脑实际上是一样大的，所以它们是我们目前知道的最聪明的鸟。

（3）克拉克星鸦非凡的记忆力

每年秋天，每只克拉克星鸦都会将 2 万 ~3 万粒松子埋藏在 5000 处不同的位置。过了一年之后，它仍然可以准确地找到这些藏粮的地方。

（4）好学的山雀

山雀有着极强的学习能力，它们本来是出于好奇而啄破了订奶户门前的奶瓶，但当发现里面有美味的牛奶后，便相互转告，于是山雀们就都学会了偷吃牛奶的本领。不仅如此，连苍头燕雀、知更鸟和画眉鸟也学会了这个本领。

（5）聪明的喜鹊

喜鹊是适应能力比较强的鸟类，它的聪明体现为它小时候就知道一个物体如果藏在障碍物后面，并不能证明该物体就消失了。所以，当你躲在树后面的时候，喜鹊会知道你并没有走远。

（6）狡猾的藏粮方式

乌鸦不但聪明，甚至还很“狡猾”。如果乌鸦在储存粮时发现有其他鸟类围观，它们会假装飞走，过一会儿等别的鸟类飞走后，再悄悄回来，重新藏好食物。

2. 鸟类中的语言大师

鸟类的语言是很神秘的，各种情况下的叫声都是不一样的。科学家对鸟儿的叫声进行研究发现，同一只鸟儿在各种状态下（如高兴、恐惧、饥饿等状态）的叫声从分贝和频率上存在很大的差别，所以，鸟儿也是有语言的。

（1）歌声最大的和最小的

孔雀非常亲近人类，鸣叫声音最大的要数印度孔雀了，它的叫声能传得很远，甚至达到几千米以外的地方。而旋木雀发出的嗞嗞声，小得几乎让人听不见。

（2）拟啄木的二重唱

非洲的黑拟啄木发出的声音很大，很有特色，听起来就像一支简单的歌，实际上这确实是一曲简单的二重唱，一只鸟先唱“一声部”，它的配偶接着唱“二声部”。

（3）多曲调的歌唱者

苇莺能够同时唱出两个曲调，而北美洲的褐矢嘲鸫甚至能够同时唱出四种调子。澳大利亚的七彩文鸟更是了不起，它在唱两种曲调的同时还能发出风笛一样的嗡嗡声。

（4）闭着嘴唱歌的鸟

欧洲杜鹃的叫声是由雄鸟发出的，它们发出的歌声“谷谷……”实际都是闭着嘴发出的。

（5）群体的联络信号

大雁在迁徙途中会发出很大的叫声作为联络信号，使大家聚集在一起，不致分散。一群在林中觅食的长尾山雀则会不断叽叽喳喳地叫，用以保持联系。

（6）鸟的叫声和名字

许多鸟类的英文名字是根据它们的叫声而得的，如棕柳莺、杜鹃、三趾鸥等，它们的英文名字发音与叫声都极为相似。有些美洲夜莺的叫声就跟它们名字的发音一模一样。

3. 鸟类中的建筑大师

擅长筑巢的鸟类有很多，它们的巢种类繁多。有些鸟把巢穴筑在树洞、岩洞里；有些鸟把巢筑在房檐下；有些鸟利用芦苇以及水草把巢筑于水面上，甚至可以像小船一样水中漂流……

（1）非洲织巢鸟

非洲织巢鸟的巢穴就像一个草袋子，它先织一个草圈，然后织出球形的巢，再将入口织成袜子一样的长筒，防止蛇的侵入。

（2）巢穴强盗和间谍

欧洲杜鹃会将鸟蛋生在其他小鸟的巢中，让其他鸟帮助它照顾后代。美洲栗翅燕八哥就像一个强盗，会直接把其他鸟儿的巢偷来，而自身则在其中生育后代。

（3）洞中的犀鸟

非洲的红嘴犀鸟在树洞里筑巢，在雄鸟的帮助下，雌鸟会用泥土和粪便将自己封闭在树洞里，这样可防止猴子和蛇偷食鸟蛋。整个孵化期间都是雄鸟通过一个小洞把食物递给雌鸟。

（4）种类繁多的建筑材料

一些鸟类筑巢很辛苦，而且使用的材料种类繁多。有认真的鸟类学家曾做出了较为精确的记录，一对灰喜鹊在筑巢的四五天内，共衔取巢材 666 次，其中枯枝 253 次，牛、羊毛 82 次，泥团 54 次。

（5）燕窝

金丝燕利用唾液筑巢，鸟巢就像半透明小碗。鸟巢经过加工就成了一道食品——燕窝。人们曾一度非常推崇这道食品，认为它的营养价值极高，但是，我们不要因为这样的说法而剥夺小鸟的家园。其实科学已经证明，燕窝的营养可能并没有我们想象中的那么高。

4. 鸟类的武器和工具

鸟类的嘴和腿都是它们的武器和工具，有些鸟类还会用其他物品，比如树枝和石头当做工具。它们利用不同的工具和使用方式取得不同的效果。

（1）鸵鸟的武器

澳洲的鸵鸟有着善于奔跑的双腿，鸵鸟强壮的腿上没有羽毛，用两趾站立，大的那个就像是蹄。这双腿同时也是鸵鸟自卫的武器，它们甚至可以踢倒狼和鬣狗。

（2）鹈鹕

靠捕鱼为生的鹈鹕是一个出色的“渔夫”。在它们长长的尖嘴下面长有一个喉囊，捕鱼时张开的喉囊就像一个巨大的网兜，一次能盛下几十条小鱼。

（3）聪明的乌鸦

新喀里多尼亚岛上的乌鸦能够用树枝和树叶制成简单的捕食工具，这些工具不但精巧而且相当实用，乌鸦靠这些工具可以捕到别的鸟儿捉不到的虫子。

（4）钓鱼高手

苍鹭性格孤僻，在浅水中寻找食物，是一种稳定性极佳的鸟类。美国绿苍鹭学会了利用诱饵捕鱼，它会拾起昆虫，丢在水中，如果诱饵没有引来鱼而是漂走了，那么它还会把虫子逮回来，换个地方再试。

（5）超级舌头

啄木鸟把又尖又长的嘴伸进木头，用灵敏的长舌寻找隐秘的昆虫，它们的舌头可以伸出嘴尖外 10 厘米，而且舌头上还有黏液或呈鱼叉状，利于捕食树干中的昆虫。因此，啄木鸟被称为“森林医生”。

5. 地盘争夺战

鸟类也有很强的领地意识，尤其是在求偶期，为了找到称心的配偶，它们往往会为地盘而争斗起来。亚里士多德曾有过这样的描述："每对雕都需要一个大型的领域，并因此不允许其他雕进入这个领域与其毗邻而居。"

（1）歌声的标志

有的鸟类用声音向周围的鸟宣布这是自己的领地。鸟的鸣叫不仅仅是为了求偶，有时也是为了宣布一个信息："这个地盘是我的！"所以鸟类可以靠叫声来标识领地。

（2）火鸡的地盘

把若干雄火鸡放在十分狭小的鸡舍中，会出现非常有趣的现象，如果无论怎么争斗都不能取得充足的"私人空间"，最后它们会全部脸朝外地站成一个圈，这样"眼前"就没有碍眼的家伙了。

（3）鹭鸶的地盘

牛背上的鹭鸶可以给牛驱赶蚊虫，把这些蚊虫作为自己的美餐，而且一只牛身上只能有一只鹭鸶，因为这只鹭鸶把这只牛当成了自己的移动地盘，绝不允许其他的鹭鸶来侵占。

（4）唱“空城计”的鸟

一只红翅画眉先后在两棵树上都唱了歌，若在第二棵树上唱的歌与第一棵树的大不相同，其他不知道真相的鸟儿就不会轻易闯入了。这样，它就拥有两棵树的地盘啦。

（5）黄鹂的自卫

黄鹂闯进了有“雀王”之称的伯劳鸟的地盘，被驱赶了出来，但是追赶的伯劳鸟不小心又闯入了黄鹂的领域，这时的黄鹂突然凶狠起来，反将伯劳鸟驱逐出去。

总之，鸟类各自有各自的地盘，如果它们想要扩充自己的领地，就必须经过一番打斗，胜者才可以重新规划自己的领地。

6. 鸟类的迁徙

鸟类中有一些终生都留在出生地，人们称它们为“留鸟”；还有一些鸟会根据季节变化而在不同的地方居住，并且要进行长途迁徙，人们将它们叫做“候鸟”。

（1）候鸟迁徙的原因

北方，冬季气候寒冷，食物稀少，不适合鸟类的生存，所以候鸟总是成群结队地向温暖的地方迁徙，等到春天到来时再飞回北方繁殖。

（2）鸟能自己导航

鸟类能通过对太阳、星星和对地面特征的观察来识别迁徙的路线，它们还有一种对地磁场的感应能力，这更加强了它们对路线判断的准确性。

（3）鸟类迁徙的先后

鸟类迁徙的时间并不统一，一般来说小体型的鸟更早开始向南迁，体型大的鸟则更晚进行迁徙。

（4）大雁的队形

大雁迁徙中，总会列成“一”字或“人”字形，这是由于它们全天飞行更需要集体的力量，相互帮助，才能飞得更好。飞在最前面的总是很有力量、很有经验的雁，小雁则排在中间，受到头雁的照顾，遇到威胁也能及时散开，不至于相互碰撞。

（5）各种鸟的迁徙方式

很多鸟为了避开天敌会选择晚上迁徙，但禽兽多是在白天独自迁徙。大雁等鸟类排成为“一”或“人”字形队伍迁徙飞行，燕子等小型鸟就会以疏散的鸟群进行迁徙。

（6）队形与能量

科学研究表明，排成“人”字队形时，鸟类飞行就可以节约近 70% 的能量，这对迁徙过程中躯干更大的大雁类来说尤为关键。

（7）燕子的迁徙

北方到了寒冷的冬天，空中就几乎没有飞虫了，燕子又不习惯在地面或树缝里寻找食物，所以它每年冬天都要成群地由北方飞向南方。

7. 鸟类趣闻

在我们看来一些非常有趣的动作，对鸟类来说却是生存所必需的技能，有些做法甚至是一种生命的延续。

（1）鸟类中的鼓手

有些鸟不仅能模仿人类的节拍，还会制作工具用来演奏音乐。比如澳大利亚的葵花鹦鹉可以将小树枝处理成鼓槌，再拿去敲打实心的木头，便演奏出示爱的节奏。

（2）不同的洗澡方式

为了驱除身上的虱子和跳蚤，鸟类会在水中或沙坑里清洗。还有的鸟类会进行日光浴，以加速它们身体的血液循环，促进食欲，且杀菌消毒。

（3）养父母与养子

杜鹃鸟不筑巢，也不孵育雏鸟，它将鸟蛋产在其他鸟类的巢里，杜鹃幼鸟的孵化更快，当它从蛋壳里出来后，就开始“恶作剧”，将窝里的其他鸟蛋或幼鸟挤出巢，最后独占鸟巢，成了这对不知内情的养父母的唯一幼鸟。

（4）超级粉碎机

鸟类没有牙齿，它们通过吞吃砂砾来磨碎食物，其体内的砂囊甚至能够粉碎动物的甲壳。

（5）如何喂食

鸟类喂食的本领很高，雌鸟将食物喂到幼鸟嘴里后，会仔细观察，如果幼鸟吞咽缓慢，就知道幼鸟一定是吃饱了，母亲便将这只幼鸟嘴里的食物叼出来喂给另一只。

（6）顽强的补充

一个鸟巢里的蛋数总是固定的，如果少了，雌鸟会再下蛋补充。一个鸟类学家观察发现：有一只啄木鸟，窝里的蛋被人拿得只剩下一个，但这只坚强的啄木鸟，在 73 天时间内竟然产了 71 枚蛋。

8. 奇特的鸟类

我们在市场看到的鸟，它们品种多样，色彩不同，然而奇特的鸟我们就很少遇见。

（1）没有翅膀的鸟

几维鸟由于没有翅膀，因此无法飞行。其体形小且粗短，嘴长且尖，腿部强壮，羽毛纤细。几维鸟属夜行动物，日间躲藏，夜间才会外出活动。寿命可达 30 年，是新西兰的国鸟。

（2）“死而复生”的鸟

朱鹮向来被看作“东方宝石”，是极其珍贵的鸟类。20 世纪 80 年代，人们曾认为朱鹮灭绝了，正当人们为此哀叹之时，中国一批科学工作者在陕西的姚家沟发现了 7 只朱鹮，朱鹮“复活”了。

（3）一年四变的鸟

雷鸟可以依照四季和环境的不同，及时变化自己的羽色。冬季羽毛白色；春夏则为有横斑的棕黄或褐色；秋季为黑色带斑和块斑的暗棕色。雷鸟频繁地改变羽颜，是为了隐藏，更难被敌人找出。

趣味活动三：共筑鸟的天堂

通过本篇的学习，我们认识了各种各样的鸟，了解到鸟的神奇。今天让我们一起动手，筑起我们心中鸟的天堂。

活动流程：

（1）分发给每位同学一包彩泥。

（2）组长合理分工，组员用彩泥捏制各种特征的鸟及花草树木，然后组合在一起筑起我们心中的“鸟的天堂”。

（3）欣赏作品，分享收获，拍照留念。

第四篇 DI SI PIAN

国鸟

国鸟是一个国家和民族精神的一种象征，所以国鸟必定深受该国民众的欣赏，且有着非凡意义和价值。国鸟的评选，距今已有200多年的历史。美国是世界上最先确定国鸟的国家。世界上已有40多个国家确定了国鸟。

1. 各国的国鸟

（1）印度的蓝孔雀

在印度，人们把蓝孔雀看作是吉祥、幸福的象征。因此，印度人民将蓝孔雀定为了自己国家的国鸟，给予了更好的保护。

（2）德国的百鹳

百鹳体形修长，羽毛主要为白色，翅膀边缘有黑色或银灰色的边，尾部也是黑色的。它从古至今就被欧洲人称作“带来幸福的鸟”，德国居民还特地在自家烟囱上给它们筑巢。

（3）美国白头海雕

白头海雕也叫美洲雕，长 1 米，展开翅膀可以达到 2 米。头和尾部羽毛为白色，外表凶猛。1782 年 6 月 20 日，白头海雕被选定为美国国鸟。

（4）高卢雄鸡

法国的国鸟就是我们都熟悉的公鸡，它象征着勇敢、顽强。

（5）不列颠的红胸鸲

红胸鸲也叫知更鸟，长 15 厘米，胸、腹和腰部羽毛都是棕红色的。1960 年，经过英国全民投票将它选为了英国国鸟，因为崇尚它对自己领域的巡查和保卫本领，人们称它为“上帝之鸟”。

（6）危地马拉的凤尾绿咬鹃

凤尾绿咬鹃，也叫爱沙尔克鸟，羽毛十分漂亮。1872 年被危地马拉人民定为国鸟。

（7）澳大利亚的琴鸟

琴鸟大多生活在澳大利亚沿海一带，是该国的国鸟。琴鸟的雄鸟尾羽就像古时候七弦琴的尾羽，极为美丽。

2. 国鸟评定标准

世界各国国鸟的选定标准总体上可以分成三种。

（1）民族精神象征

依照民族精神象征的需要确定国鸟，不少国家就选择了鹰、雕、隼、鹫等猛禽作为国鸟，如美国的白头海雕、菲律宾的食猿雕等。

（2）该国人民热爱

另一种方法是选择深受当地人们喜爱的常见鸟类。

（3）特有珍稀物种

这种方法是将该国特有的珍贵鸟种选做国鸟，像危地马拉的凤尾绿咬鹃等，进而可以呼吁更多国民加入到保护珍稀物种的行动中来。

趣味活动四：各国国鸟猜猜猜

活动要求：

每组六人，一人为组长。五名组员背后贴上各种鸟类图片及名称，但自己不能看到自己背后图案的内容,组长则要了解图的内容。五名组员分别向组长发问，如“我后背贴的是印度的蓝孔雀吗？”……组长只能回答“是”或者“不是”，由组员猜测。五人全部猜对且用时最短的小组获胜。

第五篇

DI WU PIAN

鸟类的科技与环保

大家都知道，鸟类启发了人类的智慧，对人类的贡献非常大。人类根据猫头鹰无声灵巧的飞行特点，改造了飞机的性能；根据天鹅在水面上擦飞的姿势，研制出了水上飞机；根据蜂鸟、百灵鸟直起直落地飞行，发明了直升飞机；根据南极企鹅的雪地滑行，设计出了极地越野汽车……可以说，鸟类是人类的老师。为了人类的幸福，为了科学的未来，我们一定要保护鸟类，真正成为鸟类的朋友。

1. 鸟类仿生学

一直以来，人类就拥有在天空中飞翔的梦想，这来源于对鸟类的模仿。早期的飞行器就是仿照鸟类的翅膀制造而成的，虽然当代的飞机有很多性能都超过了鸟类，但是在节省资源和灵活度上，鸟类依然是飞行之王。目前，人们对鸟类的研究和模仿已经不仅仅局限于飞行了，它对于人类未来的生存有着重要意义。

（1）鹰眼与导弹

科学家们正研究开发依据鹰眼原理的导弹，进而实现导弹自动搜索并跟踪指定目标。

（2）海鸥的海水淡化功能

海鸥和信天翁饮用的海水中盐分含量很高，而通过眼旁盐腺排出多余盐分的技术如果可以加以模拟利用，那么海水便可成为可供人类使用的最丰富的淡水资源了。

（3）鸽子与地震探测器

鸽子腿上有一种灵敏的可感知地震的探测器，人们根据其原理制成了新型的地震探测装置，使得地震预测水平进一步提高。

（4）鸟类的呼吸本领

野鸭能够在 9500 米的高空自由飞翔，但是人类上到 4500 米高度时就会呼吸困难。关于鸟类为何可以在空气稀薄时仍保持脑血管畅通的学术探讨，对人供氧不足情况下的持续生活甚至延长寿命十分重要。

（5）扑翼飞机

1485 年，达·芬奇依照对鸟类的观察和研究，设计了扑翼飞机，尝试通过脚蹬产生的动力来辅助飞行。虽然这个设计只停留在了图纸上，但是这代表了鸟类对人类飞行的启发。人类在无数次失败后，发现飞行员没有能够像鸟类一样扑翼飞行的强健翅膀。1903 年，人类最终发明了机械动力的飞机，飞上了天空。

2. 鸟类的生存危机

随着人类过多的开采和对自然资源的破坏，鸟类的生存环境也不断恶化下去，很多鸟类因为人类的干涉和捕猎而灭绝了。

（1）环境危机

两千多年以来，有 139 种鸟类灭亡，这之中有 89 种是在公元 1680 年以后消失的。由于人类对环境的不断破坏，鸟类受到的伤害是极大的。1966 年统计的濒危鸟种有 333 种，1977 年升高到了 400 种，而现在的濒危鸟种已经超过了 1000 种。

（2）与鸟类抢水的人类

西班牙的科托多尼亚国家公园是欧洲最大的鸟类栖息地，鸟类依靠这里的沼泽地生存。然而人类在旁边兴建的旅游设施每年会使用大量的水，这给鸟类造成了缺水的灾难。

（3）盐泽麻雀

美国佛罗里达州的盐泽是棕黑色的海麻雀唯一的栖息地。可人类在海边的填海工程改变了这里的环境，导致了这种珍惜的海鸟的最终灭绝。

（4）死亡之网

每年都有成千上万只鸟被捕鸟的人们所捕杀，人们甚至在太平洋里拉起了渔网，海鸥和信天翁会在潜水捕鱼的时候因为缠在渔网上而丧命。这个渔网便成了鸟类的“死亡之网”。

（5）油轮杀手

1989 年，一艘叫“埃克松·瓦尔代兹号”的油轮在美国海域发生了泄漏事故，大约有 25 万只海鸟因为这场事故泄漏的石油污染而丧命。

（6）海上泄漏的石油

海上的石油泄漏长期危害着海鸟的生命，海鸟吞食过量石油就会导致死亡，而且油污沾附在海鸟翅膀上，会使它们的防水能力降低，很多鸟儿因此而溺水死亡。

3. 鸟类的保护

鸟类是人类的朋友，它们和我们一样，拥有在地球上生存的权利。但是我们对自然资源的不断开发，破坏了鸟类生存的家园。目前很多鸟类濒临灭绝，还有很多鸟类死在了人类的笼子里、餐桌上或是枪口下。让我们联合起来，行动起来，还给鸟类一个美好的生存空间，不要让未来的天空失去这些飞翔的精灵。

（1）世界鸟类环志的使用

1899 年，瑞典的马尔滕森创造鸟类标志。

1963年，瑞士建立“欧洲鸟类环志联盟”。

1977年，荷兰建立环志数据库。

（2）鸟类标志

鸟类保护和研究者用金属环来获得鸟类迁徙的规律和寿命等数据，以便对鸟类进行保护和研究。

（3）最早的鸟类保护国

1872年,美国第18任总统格兰特签署了一项法案，让人类第一次接触到自然保护这一概念，还为鸟类和其他植物营造了居住天堂——美国黄石国家公园。

（4）护鸟绅士

“英国皇家鸟类保护协会”是欧洲最大的自然保护组织，成员数多于100万人。在伦敦，无论男女老少都不捉鸟、不掏巢，面对飞来的任何鸟类都充满热情。

（5）麻雀灭绝的后果

麻雀在繁殖期以昆虫育雏，能消灭大量害虫，它可以大规模杀死城市中、尤其是城市花园中的害虫，深刻地影响着城市环境中的绿化情况。

1774年，普鲁士国王下令全国捕杀麻雀，几个月以后，普鲁士全国麻雀绝迹，但各地虫害成灾，庄稼、树叶都被昆虫吃光。普鲁士新任国王只好从国外进口麻雀，危机才得以解决。

趣味活动五：我是鸟类守护使

活动要求：

（1）守护鸟类小建议

鸟类是人类的朋友，它们和我们一样，拥有在地球上生存的权利。但是我们对自然资源的不断开发，破坏了它们生存的家园。目前很多鸟类濒临灭绝，还有很多鸟类死在了人类的笼子里、餐桌上或是枪口下。让我们做鸟类的守护者，快来写一封保护鸟类的建议书吧！

（2）护鸟行动

与身边的人分享你的守护鸟类的小建议，呼吁身边的人一起守护鸟类。行动起来，让鸟类永远自由自在地飞翔在蔚蓝的天空。

“科学之旅”系列丛书
编委会名单

科学之旅——海洋精灵

主编寄语

胡雅冬，1982 年出生，本科学历，小学高级教师。所讲的课有 20 余节被评为省、市、县级优质课；先后主持和参与了 6 项课题的研究，其中有 3 项获得市级科研成果一等奖；多次荣获“优秀教师”、“优秀少先队辅导员”、“师德标兵”等荣誉称号。

寄语：孩子们，浩瀚的大海，五彩缤纷，可你们知道海是怎样形成的吗？知道海洋里都生活着哪些精灵吗？海洋又与我们的生活有哪些密不可分的关系呢？……那就让我们翻开手中的这本书，开启一段美妙的海洋之旅吧！

序

preface

千古一帝东寻仙，东临碣石魏武帝，白浪滔天，鸥鸟铺天际。

看海观鸟，探地质阅长城，徒步秦皇岛科普基地。一趟科学之旅，将开启青少年不一样的旅行。全新的“地理文化＋科技体验＋互动娱乐”研学旅游模式，将带你于实践中、书香中探索秘密。

“科学之旅”丛书，由河北省科学技术协会、秦皇岛市科学技术协会、秦皇岛市示范科普基地共同组织编写。这是一套面向青少年的研学旅游科普读物，是青少年了解和学习海洋、地质、鸟类及长城历史的绝佳读物。丛书图文并茂，科学翔实，简单易懂。轻翻书页，徒步科普基地，沉浸在包罗万象的博物馆中。

本套丛书共四册：《科学之旅——万里长城》《科学之旅——地质之美》《科学之旅——观鸟日记》《科学之旅——海洋精灵》。每册分为知识篇与实践篇两个部分，将科普读物与科普基地有机融合起来，内容概要如下：

第一册《科学之旅——万里长城》。以秦皇岛长城之首——老龙头——为参观基地，介绍长城历史、构造、作用及著名的长城遗迹，将这座伟大的建筑全方位地展现给青少年读者。

第二册《科学之旅——地质之美》。以全国科普教育基地——秦皇岛柳江盆地地质博物馆——为参观基地，了解地球原貌及漫长的历史，揭开隐藏在地表下的秘密，教你辨别岩石、玉石、化石等不同的石头。

第三册《科学之旅——观鸟日记》。以北戴河翼展鸟类救养中心为参观基地，选出100种有代表性的中国鸟种，编辑成观鸟指南，并附有剪影图索引和观鸟地图，便于青少年在野外或室内查阅、比对，走进形形色色的鸟类世界。

第四册《科学之旅——海洋精灵》。以秦皇岛新奥海底世界为参观基地，探寻深海海底宝藏，零距离接触海洋精灵，寻找新型能源……并认识到污染

海洋的严重后果，学会保护海洋。

孩子宅在家里打游戏，窝在沙发上玩手机，是家长和老师最不愿看到的景象。走出家门，走向大自然，徒步旅行进行科学探究，是孩子们度假游学的最佳选择。然而，如果孩子没有一定的知识储备，无论走多久走多远，也无从深入了解“人与自然和谐相处”的精髓，旅行的收获也会大打折扣。

幸好，精典读本“科学之旅”系列丛书，为青少年研学旅行提供了知识指南和借鉴，鼓励并指导孩子们用明亮的眼睛去看世界，用稚嫩的手去触碰世界，与科普基地、与大自然融为一体。孩子们通过系列阅读和科学探究，必将开拓创新思维，培养创新意识，全面提高科学素质，感悟大自然的力量。

当科学少年遇到科普基地，会碰撞出哪些意想不到的火花呢？

山河壮，少年强！自然美，少年智！赶快跟着科学去旅行吧！

苑社民

2018 年 5 月

目 录

contents

第一篇

DI YI PIAN

走进海洋

广阔的海洋，从蔚蓝到碧绿，美丽而又壮观。海洋是地球上最古老的存在，从生命起源到现在无数的生命在地球上繁衍生息，海洋一直是生命的见证者。海洋博大、神秘、资源丰富，是一个巨大的资源宝库，拥有种类繁多的生物资源、储量丰富的矿物资源和宝贵的药物资源。

1. 海洋

广阔的海洋，美丽的浪花，丰富多彩的海洋生物……这一切是那么地美妙和令人向往啊！地球上所有连续的咸水有一个共同的称呼，就是海和洋。洋，是海洋的中心部分，是海洋的主体；海是在洋的边缘，是大洋的附属部分。地球表面由凹凸两个部分组成，共有面积 5.1 亿平方千米。海水淹没了凹的部分，形成了约 3.6 亿平方千米的水面，占地表总面积的 71%；而其余的部分则为陆地，约为 1.5 亿平方千米，占地球总面积的 29%。

2. 海洋的形成

海洋是怎样形成的呢？对于海洋的形成，最具代表性的学说有：原始大气凝聚说、岩浆析出说、地幔分泌说以及彗星说，但这些学说都未得到充分的证实，所有海洋的形成至今仍然是个谜。

原始海洋并不能被称之为海洋，甚至连湖都算不上，没有任何生命迹象，并且缺少水资源。地球上最早的生物——一种非常微小的原始细胞——在大约36亿年前出现在原始海洋中。从那之后，地球上逐渐充满了生命的身影，从形形色色的植物，到充满活力的动物，世界也逐渐变得多姿多彩。

3. 海洋的分布

地球以赤道附近为界限，可以被分为南半球和北半球。因为海洋的不均匀分布，多海洋的南半球也被称为“水半球”，而多陆地的北半球则被称为“陆半球”。

4. 海水的来历

在所有已被发现的行星中，只有地球有如此丰富的水资源，因此地球也被称为“浸在水中的星球”和“蓝色的行星”。可是，地球上的水到底是从哪里来的呢？

（1）地球之水

水在地球形成的初期以地心中的水蒸气、地下岩石中的结构水和结晶水等不同的方式存在。

（2）原始的海洋

地球内部存在的水蒸气和其他气体由于地热的增高汇聚在一起，当达到一个临界值时，地壳不能承载气体的压力，因此气体胀破地壳，喷散在空中，但由于冷热不均，空中的水蒸气会结成浓云，进而变成雨水，回到地面上，地面上的雨水经过汇聚，又形成了巨大的水体，进而形成了原始的海洋。

（3）远古的海与现代的海

据估计，原始海洋中的海水量仅为目前海水量的1/10，地球内部的水蒸气经过了数十亿年的不断溢出后，大幅度地增加了地表水量，累积形成了现代的海水。

（4）不同的看法

地球的水是如何产生的？目前学界尚未达成统一的观点，一种观点认为太阳风中的氢与氧被太阳吸收后，产生出了水；还有观点认为外太空的冰彗星雨降临地球时为地球带来了水。

▲在最初的数亿年里，地球上地震、火山喷发等现象频发，这是由于地壳本身较薄，且小行星对其不断撞击，从而造成了熔岩不断从地球内部流出。

5. 海水的特点

站在海边，极目远眺，海水就像一块美丽的蓝色绸缎，那么海水是什么味道的呢？

（1）酸酸的海水

远古的海水是酸性的，现在的海水是微碱性的。原始海洋的水中含有盐酸，所以味道是酸的。

（2）又苦又咸的海水

现在海水不同于我们平常所使用和饮用的水，它不是无味的，而是又苦又咸的。海水中存在着许多与食盐成分类似的矿物质，因此海水是咸的，而海水中存在的氯化镁、硫酸镁则是造成海水发苦的原因。

（3）大水球

海水是世界上最丰富的水资源，共有 13.7 亿立方千米，占全球水资源的 96%，并且地球表面 71% 都是被海水覆盖，这也是在卫星图片上看到的地球是蔚蓝色的原因。如果把地球上的全部海水集中起来，可以形成一个直径约 1500 千米的大水球。

6. 海洋与大陆

目前，各国并没有制定统一的标准划分世界海洋。我国一般将海洋分为太平洋、大西洋、印度洋、北冰洋四大洋；有的分为上述四大洋和南大洋五大洋；有的分为大西洋、太平洋、印度洋三大洋。

地球上相互连通的海洋构成统一的世界海洋，它们将陆地分割、包围，阻断了陆地的连通，因此不存在统一的世界陆地。

7. 浪和潮汐

海浪和潮汐一直周而复始地运动，永不停息，它们就像大海的脉搏和呼吸一样，大海因为它们的存在备显生机。

（1）浪花的形成

浪花是由水薄膜隔开的气泡组成的。气泡在淡水中会彼此靠近和融合，而在咸水中则会彼此排斥和分离。相对于淡水，咸水中会形成更细小和长期存在的气泡。上升到海面时，气泡会破裂，咸水珠会被抛到比气泡直径大上千倍的高处，进而产生浪花。

（2）风浪

人们常说“无风不起浪”。海浪在风的推动下会出现高低长短不同的形态，形成陡峭的波面，波峰附近常有浪花或是大片泡沫出现。

（3）潮汐

海水从没有平静的时候，海水的涨落反复循环。“潮”和“汐”分别对应了海水日夜的涨落，合起来称为“潮汐”。海面和海浪都在潮汐的作用下做规律的起伏运动。

（4）潮汐与月亮

太阳和月球对地球的引力作用会引起海平面高度的变化，从而出现潮汐现象。当地球面向月球的一面引力最大或地球背离月球的一面引力最小时，均会引起海水上涨，出现高潮现象。

（5）钱塘江大潮

你们看见过钱塘江大潮吗？每年农历八月十八是海潮最壮观的时候，当潮流涌来时，潮头高度可达35米，潮差可达 89 米。

8. 海洋资源

海洋中蕴藏着海产品、金属矿产、石油和天然气等各种丰富的资源。这些资源既丰富了海洋，也丰富了人们的生活，让我们一起来了解一下这些海洋资源吧！

（1）海洋渔业

海洋渔业通过引导渔民合理捕捞、海洋“农牧化”和发展养殖水产品，完成了对海洋的全方位开发利用。

（2）全身是宝

你爱吃鱼吗？鱼类可谓全身是宝，鱼肉含有大量的蛋白质，而且味道鲜美。据说吃鱼可使人变得更聪明，而且有的鱼类更具有药用价值，还能作为精细化学工业的贵重原料呢。

（3）立体养殖

海上牧场通过不断进步的技术将单一养殖转化成立体养殖。例如，将经济鱼或虾等养殖在海水的表层。

（4）海上勘探

据不完全统计，全球约有 1/3 的油气储量，如石油和天然气，都蕴藏在海底。

（5）海上油田

海洋中的石油蕴藏量丰富，已经探明的储量就达 1350 亿吨，占全世界的 45%。其中，最丰富的地区主要有：以波斯湾为主的中东地区，美国、墨西哥之间的墨西哥湾，英国、挪威之间的北海，中国近海包括南沙群岛的海底。

（6）可以燃烧的冰块

冰块可以燃烧，听起来的确有点令人匪夷所思。不过，在海底还真有可以燃烧的“冰”呢。这种物质是一种叫做可燃冰的新型燃料。其实，它并不是冰，只是看起来很像我们平时见到的冰罢了。

（7）海底金银库

热液矿床，又叫多金属软泥，是人们在大洋深处发现的重要矿物资源。海底热液矿床含有铜、锌、铅、铁、锰等普通金属及含有银、金、钴、镍、铂等贵金属在内的多种金属元素，并达到工业开采品味。这一发现让人兴奋不已，专家们称这是发现了“海底金银库”。

（8）锰结核

锰结核是一种由铁、锰、铜等 55 种金属和非金属元素构成的形似土豆的黑色矿物资源。目前，约 3 万亿吨锰结核被覆盖在海底，而且它们还在源源不断地生长，是一种“取之不尽，用之不竭”的可再生矿物资源。

趣味活动一：我是小导游

活动要求：

（1）通过本篇的学习，我们对海洋的形成过程、海水的来历以及海洋资源都有了大概的了解。今天就让我们来做一名小导游，介绍我们美丽的海洋吧。

（2）可以选择自己喜欢的解说风格进行解说，比如：新闻联播、动物世界、天气预报等。

（3）两人一组或几人一组互相说一说，做一名出色的小导游吧！

第二篇 DI ER PIAN

海的边界

海洋中有许多大大小小的岛屿，小的不足 1 平方千米，大的达几百万平方千米。全球岛屿总数达 5 万个以上，约占全球陆地总面积的 1/15。海岸地貌也是千姿百态，类型多种多样。而海底世界更是充满奇幻色彩——这里有巍峨高耸的山脉，广袤平坦的平原，深邃的海沟，密集的海底火山……

1. 岛屿

在河流、湖泊和海洋中有一种特殊的陆地，它们被水环绕，面积比普通陆地小，从几平方米到几万平方米，这就是我们通常所说的岛屿。其中，海洋中的岛屿数量最多。

（1）岛与屿

在海洋中露出的陆地，无论大小，都被统称为岛屿。你知道吗？面积是区别岛与屿的关键，岛的面积一般较大，如我国的台湾岛，面积特别小的称为屿，如厦门的鼓浪屿。

世界上最大的岛屿是格陵兰岛。

（2）群岛和半岛

马来群岛、西印度群岛等这种聚集在一起的岛屿是人们常说的群岛。阿拉伯半岛、中南半岛等半岛则是三面临水、一面与陆地相连，伸入海洋或湖泊中的陆地，就是人们常说的半岛。

▲舟山群岛是中国的第一大群岛。

▲阿拉伯半岛是世界上最大的半岛。

（3）火山岛

海底火山喷发后，堆积的物质露出海面而形成的岛屿叫做火山岛。岛上的土壤是岩石经过长年的风化剥蚀后破碎形成的，这为火山岛生长植物提供了条件。

（4）珊瑚岛

海中的珊瑚虫死后，其骨骼被身体中含有的一种胶质结合在一起，遗骸堆筑后形成的岛屿叫做珊瑚岛。最典型的珊瑚岛是瑙鲁，它位于太平洋中部，是世界上重要的磷矿产地之一。

▲美丽的西沙群岛是以形态各异的珊瑚礁组成的岛屿，它位于海南岛的东南，在那里栖息着许多美丽的海洋生物。

（5）冲积岛

泥沙被陆地的河流夹带冲进海中，经过沉淀后，形成结构松散、地貌形态简单、地势平坦的陆地，这就是冲积岛。

▲在我国的400多个冲积岛中，面积第一大的是长江入海口的崇明岛。

（6）大陆岛

由大陆向海洋延伸并露出水面的岛屿叫做大陆岛。世界上较大的岛基本上都是大陆岛。

2. 海岸线与海岸

陆地与海洋交汇的地带叫做海岸线，在那里，石圈、大地圈、水圈和生物圈相互影响重合。世界海洋面积巨大，岛屿星罗棋布，也就造成了海岸线由于面积巨大的海洋和数目众多的岛屿变得曲折复杂，并且随着海浪、气候等因素的变化而变化。

海岸地貌千姿百态，类型多种多样。海岸可以依据是否为动态、地质构造和海岸组成物质的性质三种标准，划分为：堆积海岸和侵蚀海岸、上升海岸和下降海岸、基岩海岸、沙砾海岸、平原海岸、红树林海岸和珊瑚礁海岸等。

（1）岩石

海岸地形主要由构成海岸的岩石种类决定。花岗岩、玄武岩和某些砂岩往往比较坚硬，且能够抵抗海水的侵蚀，因此植物往往会附长在由这些岩石形成的海岬和悬崖上。

（2）变化的海岸线

海岸是陆地和海洋间的过渡地带。海岸地形主要由陆地和海洋之间的强烈作用引发的海水运动和海岸线塑造，其中作用最强烈的地区是从滨海平原到大陆架之间的广阔区域。

（3）红树林海岸

红树林一般多长于潮间带泥滩上，背风浪的河口、海湾与沙坝后侧的潟湖是其最佳生长地带。海岸植物群落具有耐盐性，构成了红树林海岸。

（4）迷人的海滩

海滩是海洋与陆地相接的地方，大多数海滩的表面铺着柔软的沙子，那里生活着各种各样的海洋动物，有五颜六色的贝壳、奇异的海星、横着爬行的螃蟹等，海滩能给人们带来无限的乐趣。

（5）海岸面临的威胁

近年来，海滩出现了随意修建房屋、乱扔杂物以及石油泄漏等问题，一些强光和噪声污染也破坏了鸟类和爬行动物的生活环境。

3. 海峡与海湾

在陆地之间连接海洋的狭窄的水道叫做海峡。而海湾指的是一片三面环陆的海洋，通常以湾口附近两个对应海角的连线作为最外部的分界线。

（1）海湾

海洋深入陆地的部分能对气候起到调节作用，并且有助于海上运输，这一部分，被称为海湾。几内亚湾、墨西哥湾、阿拉斯加湾等以及我国的渤海湾、胶州湾、北部湾等都是著名的海湾。其中北部湾是我国最大的海湾。

（2）海峡

海峡享有“海上走廊”“黄金水道”的盛名，这是因为它能连接大海与大洋，发挥重要的交通和战略作用。马六甲海峡、直布罗陀海峡、白令海峡等均是闻名世界的重要海峡。

名　称	连接水域	备　注
英吉利海峡	北海与大西洋	西欧与北欧的海上通道
霍尔木兹海峡	波斯湾与阿拉伯海	被称为海上生命线
莫桑比克海峡	南北印度洋	世界最大的海峡
麦哲伦海峡	大西洋与太平洋	世界重要的国际海上航线

（3）东方伟大的航道

马克思曾称赞埃及北部的苏伊士运河为“东方伟大的航道”，它的起点位于地中海的塞得港，流向向南，终点为红海，将亚、非、欧三大洲的水路连接起来，也是连接欧洲和印度洋的海上捷径。

（4）远东十字路口

马六甲海峡是马来半岛与苏门答腊岛之间的一条细长的水道。海峡全长约 1080 千米，宽度从 37 千米到 370 千米不等。它是连接太平洋与印度洋的枢纽，是中国、日本、朝鲜等太平洋西岸的国家到南亚、西亚、非洲的必经之路。所以它又有“远东十字路口”之称。

（5）西方世界的生命线

波斯湾和印度洋由霍尔木兹海峡连接，想要进入波斯湾，它是唯一的途径。波斯湾丰富的石油蕴藏量和生产量，使得有着“西方世界的生命线”美称的霍尔木兹海峡成为全世界最繁忙的水道之一。

4. 沉默的海底

海底是不是像平底锅一样平坦呢？其实不是，在海洋形成之前，海底和地球上的陆地一样，富有生机，后来海水淹没了这片陆地。在海洋世界底部，有广阔的平原、连绵的高山、深邃的海沟，还有贯穿全球大洋底的洋中脊山脉和大裂谷，以及密集的海底火山，海洋底部的地形要比陆地上复杂得多。

（1）海底世界

在整个海底世界中，海洋总面积的 80% 都是大洋底，与陆地相似，海底有山脉、平原和深沟，并且它们都由不同厚度，红黑相间的沉淀物点缀。

（2）大陆缘

海底紧靠陆地的地方是大陆缘，下一段较陡峭的，直至 3000 米深的斜坡是大陆坡，再向下则是广阔的大洋底部。

（3）大陆架

在海水中有很长距离延伸的部分叫大陆架，它们包围着整个地球大陆，是海洋和陆地的连接点。大陆架含有大量的石油、天然气和矿物沉积层，这些物质都是宝贵的资源，我们在日常生产生活中都会用到它们。所以大陆架又被人们称为“海底宝藏的家”。

（4）海沟

海洋最深的部分是海沟。太平洋里的马里亚纳海沟有两个“最”——世界最深海洋以及地球地表最低，海沟南北延伸 2850 千米，宽 70 千米，深深切入大洋底部。其最大深度达 11034 米。假设将世界上最高的山峰——喜马拉雅山——填进马里亚纳海沟，它的峰顶离海面还有 2189.57 米呢！

（5）海岭

海岭是大片的崎岖的海底山脉，常常位于海洋的中心，它们平均有 1000 千米宽，高出附近海洋盆地。大西洋海岭绵延数千千米，是世界上最典型的海岭。大西洋上的阿留申群岛、琉球群岛等都是海岭呈条带状分布、间断地露出海面的部分。

趣味活动二：岛屿海峡猜猜猜

通过本篇的学习，我们认识了各种不同的岛屿及著名的海峡，你知道它们都有哪些特点吗？下面让我们来做一个小游戏吧！

活动要求：

每组出六人，其中一人为组长。五名组员背后贴上各大岛屿及著名海峡的图片和名称，但是自己不能看到图的内容，组长要了解图的内容。五名组员分别向组长发问，如“我后背贴的是一座岛屿吗？”“它是由珊瑚虫遗骸堆筑成的岛屿吗？”……组长只能回答“是”或者“不是”。五人全部猜对，并且用时最短的小组获胜。

第三篇 DI SAN PIAN

海洋精灵

海洋是水的王国，在这里生活着各种各样的海洋精灵，这些小精灵们形成了一个有趣的生态系统，层级关系从低到高排列分明，在生态系统的各个环节中都存在物质循环和能量流动。

1. 海洋食物链

海洋食物链是逐层植物摄食者的营养关系，其结构具体如下：细菌或有机物—食植性动物—各级食肉性动物。

（1）第一级别

海洋食物链的第一级别是浮游植物，它数量众多，并且能进行光合作用，产出碳水化合物和氧气，这是第一级食物链，起到为一切生物提供生长物质的作用。

（2）浮游动物

浮游动物是食物链的第二级，捕食第一级浮游植物，自己又是高级动物的食物。

（3）大鱼吃小鱼

海洋里的动物和植物构成了“大鱼吃小鱼，小鱼吃虾米”层级的金字塔形的能量流。

（4）第四级别

食物链的最高层是金枪鱼、鲨鱼等食肉类动物，其数量随着层次的升高而减少。

有趣的事：

据统计，地球上共计 50 万种以上生物，分为动物、植物和微生物三大类，其中有 20 多万种生物生活在海洋中。海洋生物中，动物有 18 万种，植物有 2 万多种，有趣的是，动物和植物的种类在陆地和海洋的比例中有截然不同的表现，陆地植物多，海洋动物多。

单细胞藻类经过进化变成了海洋植物，慢慢再进化成了自然界所有的植物。海洋植物的经济价值可以由海带、裙带菜、紫菜和工业原料的硅藻显现出来，海洋生物世界丰富多彩，各种生物共生共存。

2. 海洋植物

海藻和海洋种子植物组成了海洋生物中最重要的海洋植物。海洋中大多数植物是海藻，它繁殖后代的方式是不开花、不结种子的孢子繁殖。只有 130 种植物属于海洋种子植物，可以分为红树植物和海草两类，均是被子植物。

（1）海藻

海洋植物中种类最多的就是藻类，它形态万千，广泛地分布在海洋中，属于是原始的低等植物。有 100 多种藻类可以作为人类的食物。

（2）海草

海草有细长的叶子，通常生长在温带海域沿岸浅水中。得益于它抗腐蚀、耐用和保暖的能力，这种单子叶草本植物经常被用来建造屋顶。在沿海潮下带，小虾、幼鱼经常生长在海草形成的海草场中，海鸟也经常在此处栖息。

（3）红树植物

红树、秋茄树、红茄冬、海莲等都是生长在热带海洋潮间带的木本植物，它们都属于红树植物，这些植物群形成的海上林地有“碧海绿洲”的美称。

（4）“长寿菜”

有一种食用海藻味道鲜美，含有丰富的蛋白质、无机盐和各种维生素，这就是我们常说的紫菜，即海苔。此外，紫菜还有较高的药用价值，有“神仙菜”“长寿菜”的美称，我们爱吃的各种各样的海苔食品就是烤干了的紫菜。

（5）红藻

以紫菜、石花菜、海人草、软骨藻、江篱、海萝、麒麟菜为代表的红藻在海洋中分布广泛，且提取物琼胶囊有很高的药用价值，另外，红藻还可以驱除蛔虫。

（6）浮游植物

浮游植物有的像车轮，有的像小箱子，有的像糖葫芦，有的像打开后又翻过来的降落伞……

它们能直接吸收海水中溶解的无机盐，所以没必要像陆地上的植物那样把根扎在泥土里。

3. 古老的海洋动物

无脊椎动物是海洋中最早出现的动物，它的繁殖生长全盛时期是在距今 1.3 亿 ~5 亿年前。后来，随着细胞分工越来越明细，形成了器官，这是当时水生动物的最大特点。那时的海洋世界热闹非凡，让我们一起来瞧瞧吧！

（1）三叶虫

三叶虫是由头、胸、尾三部分构成的节肢动物。三叶得名于其坚硬的背甲被两条纵向深沟割裂成大致相等的三片。三叶虫现已灭绝。

（2）蠕虫：海中游动的烛光

蠕虫的特点是长和柔软，且没有骨骼，是一种十分低等的海洋无脊椎动物，属于比较原始的种类。

许多在海洋中生活的蠕虫都能发光。每到盛夏的月圆之夜，蠕虫会到海面上举行连续几天的交配仪式，这就是哥伦布看到的奇异景象：“海中游动的烛光”。

（3）菊石

菊石是一种由鹦鹉螺演化而来的软体动物，现已灭绝，其体外的硬壳从一厘米到几十厘米不等，主要成分是碳酸钙。

（4）海绵

无差别的细胞、内外两层体壁和主成分是硅的骨架是大多数海绵的构成结构。微生物和氧气在海水通过海绵身体时被体壁吸收。世界上最简单的无脊椎动物非海绵莫属。

（5）随波逐流的水母

水母虽然有的体型庞大，但也属于无脊椎动物，因此它的形状变化万千，有些像一柄撑开的雨伞，有些像一枚银币……水母的身体主要靠浮力支撑。

仔细地看！所有水母均有一个空腔，水母体上还长着一些长长的触手，有很多水母的触手是有毒的。水母出没时，触手和身体一同飘动显示出微弱的淡绿色、淡紫色的光芒或是彩虹般的光晕。它们紧密地生活在一起，经常成群出没，像一个整体似地漂浮在蔚蓝色的海面上，十分壮观。

自主沉浮。水母有一种可以产生一氧化碳、膨胀伞状体的特别腺体。遇到敌害或者遇到大风暴等危险时，水母放掉气体，沉入海底；渡过了危险，几分钟就可以产出支持自己漂浮的气体。

▲水母的平均寿命只有数个月。

水做的动物。水的含量占了水母身体的98%，必须在水中完成进食、消化和排泄等生理需求。

▲海洋中重要的大型浮游生物就是水母。

水母的“耳朵”。水母的“耳朵”指的是水母触手中间的细柄小球上的“听石”。在水母的声波发送器官模拟实验中，科学家们发现其能预测15小时的海洋风暴信息。

▲全球各地的水域里分布了超过200种水母。

快躲开！水母的武器是伞状体下细长的触手，这也是它的消化器官，有毒的丝从触手上像小豆一样的刺细胞中射出，能毒死或吓跑敌人和猎物。因此不要被它温顺的外表迷惑了，水母也是十分凶猛的生物！

最大的水母。北极大水母生长在大西洋西北部海域，它是世界上最大的水母。一只伞状直径为2.28米、触手长达36.5米的北极大水母曾于1870年被冲进马萨诸塞海湾。而最小的水母全长只有12毫米。

4. 常见的鳗鱼

头部无颌，口如吸盘，滤食海洋中的生物或微生物是无颌鱼的特点，下面让我们来认识一下这种原始的鱼类吧！

（1）鳗

鳗身体细长，像蛇，有尖锐的牙齿。它的觅食活动与其他动物不同，多发生在大风浪、水质混浊的日落黄昏至凌晨。而风平浪静的晴天，它们则大多在泥质洞穴内停留，不进行取食活动。

（2）贪婪的家伙

鳗性格凶猛，主要是以鱼类和无脊椎动物为食。种类繁多，印度洋和太平洋总共有600多种鳗鱼。

▲ “水中的软黄金”是人们因为鳗鱼丰富的营养价值对其的美誉。

（3）电鳗

鳗鱼中有一个特殊的成员——电鳗，电鳗可以在瞬间集聚全身的能量，以此产生600伏以上的电压，有“水中高压线”之称，用以捕食猎物和自卫。

▲淡水鱼中放电能力最强的就是电鳗。

（4）七鳃鳗

没有鳞片、体型细长的七鳃鳗是最著名的鳗鱼。它们吸食通过吸盘附着的鱼身上的血液生存。七鳃鳗会依据情况选择将寄主吸食殆尽或是放弃去“另寻新欢”。

▲没有真正上下颌的七鳃鳗是现代脊椎动物中最低等的种类。

（5）不会游泳的洞鳗

印度洋的马尔代夫群岛水域有一种特殊的鳗鱼，就是不会游泳的洞鳗。平时它们生活在沙窝中，觅食时靠探出身体和张开的大口将随水浮动的浮游生物或小动物吞食掉。

5. 五光十色的软体动物

壳是海螺、扇贝、牡蛎、珍珠贝、鹦鹉螺等生活在海中的贝类的共同特点。尽管这些壳很坚硬，但它们都是软体动物。贝壳类的外壳由它们柔软身体上的外套膜产生的富含钙质的液体演化成。

（1）倾听大海的声音

涡旋体形状的海螺会将流动在其周围的空气汇聚于海螺口形成涡流，这种发出嗡嗡声响的涡流就是人们听到的大海的声音。

（2）扇贝

扇贝可以从壳中喷出水流形成反作用力，这也是它会“游泳”的原因。人们常说的海味中三大珍品分别是：扇贝、海参和鲍鱼。

（3）海兔

海兔不同于陆地上的兔子，它是一种生活在海洋中的软体动物。柔软的身体、艳丽的色彩、肥厚而扁平的腕都是它的特点。海兔的必杀技是可以麻痹对手的剧毒化学物质，它还可以释放紫色的烟幕，能保护自己从天敌手下逃跑。

（4）牡蛎与珍珠

美丽的珍珠是用海贝的痛苦换来的，当沙砾进入牡蛎等海贝的壳砾时，牡蛎的套膜就会分泌一种叫珠母的物质来包裹沙砾，以抵御沙砾摩擦肉体时产生的疼痛，当覆盖沙砾的珠母足够厚时，珍珠便形成了。

（5）砗磲蛤

理论上，巨砗磲蛤的双壳能被强有力的肌肉完全闭合不被人打开，但实际上，壳边缘的藻类阻碍了它的完全闭合，所以传说中潜水者被巨砗磲蛤捉住的故事并不会发生，它的关闭速度非常慢，即使身体被夹住，潜水者也可以顺利从容地抽出身体。

6. 海洋中的杀手：鲨鱼

鲨鱼！一听就是个很可怕的名字，常常被人们称作“海洋杀手”。不同于哺乳类的鲸，鲨鱼的呼吸器官是鳃，因此它是真正的鱼类。鲨种类繁多，共有 350 多种。世界上最大的鱼类是体长最长可达 20 米的鲸鲨。不过，它的性情却很温顺，只吃浮游生物。

（1）众口难调

鲨鱼的捕猎对象因鲨鱼种类的不同而千差万别。例如，槌头鲨主要以鱼为食，虎鲨以海龟为食，而浮游生物则是鲸鲨的最爱。但它们仍有共同的饮食喜好，比如海中的章鱼及乌贼这样的软体动物。

（2）被杀的原因

鲨鱼具有极高的经济价值：人们可以用鲨鱼来做菜、制药、提炼维生素；鲨鱼的牙齿可以用来制作武器和装饰品；皮肤可以用来做砂纸；鲨鱼的鱼翅营养丰富，味道鲜美。而这些也成为了人类捕杀它们的主要原因。

（3）鲨鱼的高招

鲨鱼对温度的变化有明显的感知，是因为温度的差异会刺激其鼻子中的胶体，产生电流，而对电流非常敏感的神经细胞又遍布鲨鱼鼻子的皮肤小孔中。

（4）和善的“鲨王”

鲸鲨成年时，体长可达 20 多米，体重和 4 头大象一样重，因此被称为“鲨王”。但是鲸鲨却并不凶猛，只以海中的浮游生物为食。

（5）死亡陷阱

巨嘴鲨的优势在于能通过口腔内的奇异组织发出光亮，在黑暗的深海中，吸引那些喜欢光亮的浮游生物自投罗网，成为它的美餐。

7. 海洋中的爬行动物

陆地上统治时间最长的统治者是爬行动物，曾经，它们还同时统治着天空、海洋。这些脊椎动物适应能力强，是第一批真正摆脱对手的依赖而征服自然界的生物。

（1）海龟

粗壮的四肢、如陆龟一般坚硬的外壳是“活化石”海龟的特点。海龟的外壳由角质的盾片构成，有鳞，能很好地保护自己。2 亿多年来，海龟的这些特点几乎没有发生变化。

(2) 绿海龟

绿海龟是一种大型的爬行动物，一般情况下，它能有两个成年人那么重。绿海龟喜欢晒太阳，因此它生活在温暖的海岸线附近，以海草为食，整个身体是褐色或浅绿色的。

(3) 蛇颈龙

在侏罗纪和白垩纪时期，海洋由蛇颈龙和鱼龙控制。蛇颈龙头小脖子长，牙齿非常锋利，它可是非常喜欢吃肉的哦！

(4) 鱼龙

鱼形的爬行动物——鱼龙，已经灭绝。它的嘴唇像海豚，牙齿像鳄鱼，头和胸骨像蜥蜴，四肢像鲸，脊椎像鱼。你能想象出它的样子吗？

（5）海鬣蜥

在脊椎动物里，爬行动物最初产下的卵带壳，它们还长有干燥的不透水的皮肤，皮肤上布满鳞片，不过它们已经不再局限生活在水里，而到陆地上生存。很多爬行动物已经适应了干燥的环境，甚至能够生活在沙漠里，但在爬行动物进化的历史里，有一些种类最终又回到了海里或淡水里，变成水生动物，如海鬣蜥。

8. 海洋中的哺乳动物

鲸是体型最大的海洋动物，鲸平时摇动尾部，能像鱼类一样游动，但它们的呼吸器官是肺而不是鳃，并且有一个出气孔位于头顶部，是恒温哺乳动物。

（1）海豚：聪明的海洋“救生员”

海豚是海中的“救生员”和“警察”，它们是一种小型鲸类。深海是它们的住所，有时也可以在海岸线附近发现它们的身影。它们生有长鼻子，嘴里长着近200颗细小的牙齿，再加上流线型的身体，这些都是海豚的典型特征。海豚通过上下摆动水平的尾鳍向前推进身体，在水中游泳；其他的鳍用于转弯、平衡或将身体伸出水面。

海豚是一种非常聪明的动物。它在人类的训练下可以唱歌和表演节目。在海洋公园里，经常会有它可爱的身影出现。自然条件下，它还会驱赶鲨鱼，救助掉入海中的落水者，相信你一定会喜欢它的。

（2）白鲸的遭遇

有一种以鱼为食的鲸类，叫白鲸。它们与一角鲸是近亲关系，都生活在北极地区。白鲸的声音多变，具有几百种声音。17世纪以来，生态的破坏以及捕猎者的绞杀，使得胃溃疡穿孔、肝炎、肺脓肿等疾病常常发生在白鲸身上，白鲸的数量也在快速地减少。

（3）地球上的巨人

迄今为止，地球上最大的哺乳动物是胃里能容纳两吨磷虾的蓝鲸，它的心脏和一辆大众牌甲壳虫轿车一般大，尤其是它的舌头，最重能达到4吨。然而，蓝鲸的大脑却仅重7千克。

（4）杀人鲸

杀人鲸，又称为虎鲸，它们的牙齿无比锋利，捕捉能力快速精准，捕猎时通常采用集体行动。狡猾凶残的它们捕食对象包括鱼、虾、海鸟、鲨鱼和海象，甚至还有鲸鱼。

（5）抹香鲸

群居动物抹香鲸是体型最大的齿鲸。在海上的浮力和深海潜水时的呼吸情况均由脑中的鲸油控制。它们的交流方式是口哨声和“咔哒”声。从额头处可以通过喷气孔喷出一股夹杂着泡沫的巨大水柱。

9. 海鸟

海鸟一般被分为两类。信天翁这种除繁殖期外、其他时期远离大陆的海鸟是大洋性海鸟；海鸥、军舰鸟等白天出海觅食，夜晚返回陆地的海鸟是海岸性海鸟。

（1）捕鱼能手：海鹦

海鹦生长在北大西洋，天生喜欢群居。它有三角形和带着深沟的大嘴巴，背部的羽毛、腹部和脚分别呈黑色、白色和橘红色，尤其是颜色鲜艳的面部，让它们看起来像鹦鹉。因此，人们称它为海鹦。

海鹦是世界上潜水本领最强的海鸟。

（2）飞行大盗：贼鸥

有着“南极之鹰”美称的贼鸥除了吃腐肉外，还偷吃企鹅蛋和小企鹅，是海鸟中最著名的偷猎者，它们因此又被称为“飞行大盗”。

（3）飞鸟之王：漫游信天翁

世界飞鸟之王生活在南极地区，是有着洁白羽毛、黑色斑纹点缀尾端和翼尖和流线型躯体的漫游信天翁。它每日能不知疲倦地飞行几千公里和连续几小时不扇动翅膀凭借气流进行滑翔。

（4）海上强盗：军舰鸟

在热带和亚热带海域，有一种海上强盗——军舰鸟，得益于强有力的翅膀和高超的飞翔本领，它们在高空翻滚盘旋和快速直线俯冲的技能，帮助他们袭击猎物。

（5）海港清洁工：海鸥

海鸟中最常见的就是以鱼、虾、蟹、贝和残羹剩饭等为食，成群生活在海边、海港，或盛产鱼虾的渔场上的“海港清洁工”——海鸥。

趣味活动三：海洋精灵拍拍拍

活动要求：

哺乳动物、爬行动物、软体动物都是海洋精灵的种类，通过本篇的学习，我们加深了对它们的认识。请你在海洋博物馆中为这些小精灵拍照，任意拍 3 类动物，每类动物至少拍 2 只。准确拍完并且用时最少的那个人获胜。拍照有错误的，请返回博物馆继续拍照，直到完全正确为止。

第四篇

DI SI PIAN

海洋与人

船是一种非常古老的水上交通工具。从古至今，人们发明了各种各样的船，也开始了人们的海上探险之旅，让人们面对汹涌的大海时不再感到恐惧。而那一个个美丽的港口如一颗颗璀璨的星星点缀于绵长的大陆海岸线上，成为重要的水陆交通枢纽。

1. 船

你知道世界上最早的船是用什么做成的吗？独木舟的出现让人们开始走向大海，而船的出现，让人们和大海更加亲近起来。从此，海洋的神秘面纱被人们逐渐揭开……

（1）独木舟

将木头凿空，使人能够坐在里面，是独木舟的制作原理。虽然它依据一定的工艺过程来制造，具备了船的雏形，但还不是真正意义上的船。

（2）机帆船

进入 20 世纪，内燃机的广泛使用加速了机帆船的产生。有风时使用风帆推进，节约能源；无风时依靠助力装置推动螺旋桨，推进船舶。

在航海大发现的时代，船成为人类探索世界的工具。还有两种船发挥了重要作用，它们分别是船身轻而容易操纵的两桅帆船和笨重的三桅帆船。

（3）帆船

帆船是一种有 5000 多年历史的水上交通工具，有风时，它主要的助力工具是帆；无风时桨、橹和篙等是主要助力工具。

（4）豪华轮船

18 世纪的工业革命，带来了轮船业的发展。蒸汽机的发明，使动力有了前所未有的提高，人们开始设计更为安全、豪华的船舶，豪华轮船成为人们的追求，人类畅游海洋也从此开始。

今天，现代化的轮船正在从事着各种关系到人类命运的全球性商业航运。

航海技术的发展，不仅让人们征服远距离的海洋，像海上探险、开采海底石油等一系列活动，也都靠轮船这一工具帮助人类得以实现。

（5）舰艇

海军最主要的军用船只就是舰艇，它有作战和保障勤务所需的战术技术性能。

一个国家的工业水平和科学技术水平往往可以从现代舰艇的制造技术中体现出来。

2. 海港

船舶停泊、中转和货物装卸的主要场所是港口。港口有齐全的配套设施，如码头、装卸设备等，还要有高效的运作服务，港口与港口之间，通过发达的海上航线相联系。

（1）香港港

有“东方之珠”之称的香港是一座美丽的港口城市，

优越的地理位置，优美的环境造就了它天然良港的地位。

（2）世界最大的海港

舟山港，吞吐量7亿吨，是世界上吞吐量重大的港口。舟山港是杭州舟山市的一个港口，目前已经开通海航航运线近60条，总共有沈家门、老塘山、泗礁、绿华山等八大港区，还有面积达5.85平方千米的保税区，进出港口十分便利，四通八达。

（3）世界第二大海港

上海港，吞吐量6.3亿吨，是世界上第二大港口。上海不管是经济还是交通以及金融行业都是成长和发展比较快的城市，上海港连接全国各地十几个城市，是对外交通以及出口贸易的重要港口。港口主要业务有装卸、物流、引航、海铁联运等水路客运服务，经营的货类有煤炭、金属矿石、石油钢材、机械设备等。

宋朝时，历史悠久的上海港就已显现出雏形，随着时代的发展，逐渐成为本地区的主要外贸口岸。

（4）美国最大的港口

1614年，荷兰人在地理条件优越的美国东北部哈得孙河河口施工建设了纽约港，它于 1800 年成为美国最大港口。同时，它也是世界上最大的天然深水港之一。

（5）维多利亚港湾

香港的维多利亚海峡近岸水域辽阔，50 艘巨轮可以同时停泊在其中，这就是维多利亚港湾。

▲说到世界上著名的观光点，就不得不提维多利亚港两岸的夜景，由于众多高楼大厦耸立在香港岛和九龙半岛，到了夜晚的时候家家户户点上灯光，光亮相互辉映，看起来美丽极了。

3. 大航海时代

随着航海技术的不断进步，人类得以对一直好奇的海洋进行认识和探索。海上探险的开始，让人们面对汹涌的大海时不再感到惧怕。从此，就开始了惊险有趣的大航海时代。冒险家们驾着船只，不畏艰险，向未知的领域进发。新的发现让无数人开始了冒险。

（1）郑和：伟大的航海家

我国最伟大的航海家是明成祖时期的郑和。郑和出使西洋，加强了明朝和海外各国的联系，也为世界航海史添上了浓墨重彩的一笔。并且郑和的出航早于其他国家的航海家近百年。

郑和的航海队伍包括2.7万多人和200多艘海船，出发地点是太仓刘家港。到1433年，经过七次远航，他已经到达了亚非等地30多个国家和地区，最远至非洲的东海岸和红海沿岸。

郑和的“宝船”是当时世界上最大的船只，一次可容纳上千人。最大的“宝船”看起来雄伟壮观，美丽极了。

（2）《马可·波罗游记》

元朝的时候，意大利商人和冒险家马可·波罗途经印度来到中国，沿途记录下了许多资料，后来他写下了介绍中国美丽风景和富饶物产的书——《马可·波罗游记》，激发了欧洲人对东方的浓厚兴趣，很大程度上影响了未来开辟新航路。

（3）葡萄牙

15—16世纪的葡萄牙对非洲、亚洲和南美洲的巴西等地进行掠夺和殖民扩张，很大程度上是依赖于它掌握了先进的航海技术。这些也能间接地体现葡萄牙航海大国的身份。

（4）地球是圆的

葡萄牙航海家麦哲伦完成了人类历史上第一次环球航海，这也是关于地球圆形说正确性最强有力的实践证明。

4. 海上导航：航标

随着技术的逐步改进，人类突破了受限于陆地的生活局限，探索海洋成为可能。15 世纪的时候，西方人已经开始借助船舶在海上探索。在茫茫的大海，周围都是无边无际的海水，无论是船还是人，都显得十分渺小和无助。靠什么来导航呢？

在很早的时候，人们就开始海上探索，为使船舶行驶安全，他们设置了信息服务设施——航标。

（1）灯塔

灯塔是人类最早使用的航标，它明亮的灯光，在夜间可以为远航的船只照亮行程，尤其在那些危险的海域上，灯塔可以帮助船只避免海难的发生。

▲古代灯塔中最著名的是公元 280 年的高达 85 米的法罗斯灯塔，它位于亚历山大港，靠燃烧木材发出

的光传递信号。

▲有“海上烽火台”之名的灯塔曾经被用于海防瞭望和防范偷渡等军事任务。

（2）指南针

大约在公元前 1 世纪，中国人根据已知的磁铁矿石指向特性，将其做成北斗七星般的勺子状，置于光滑的盘子上指示北极。这种被称为“指南针”的发明是早期航海者的导航仪器。

哥伦布是西班牙著名的航海家。在他很小的时候，就相信地球是圆的，他于 1492 年到 1502 年先后四次横渡大西洋，最终发现了美洲大陆。

▲哥伦布于 1492 年 10 月率探险队第一次踏上美洲

大地，揭开了历史的新篇章。

（3）望远镜

望远镜是用来观察远方景物的仪器。在茫茫大海里，船员们通过几块薄薄的镜片就可以将远方的景象尽收眼底，然后很快地决定前进的方向。

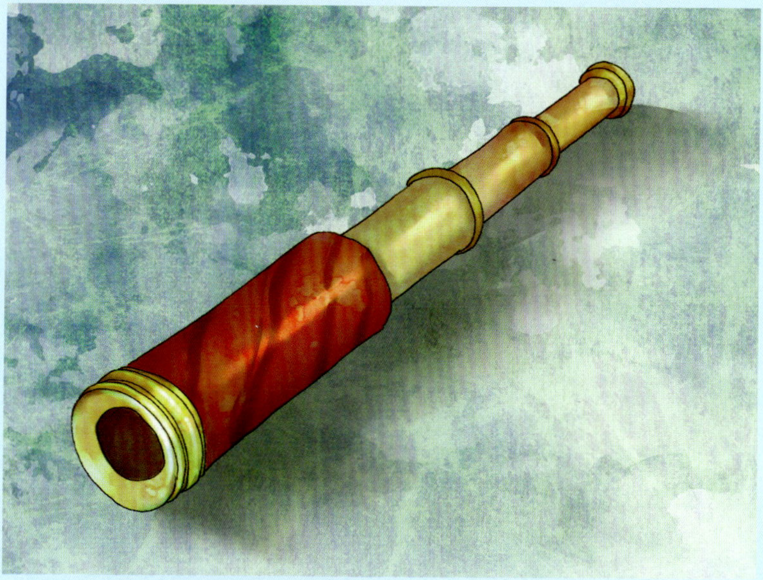

（4）航海的天文钟

假如一艘船上没有一种可以正确测出船只方位的仪器，那么船很有可能因为微小的误差偏离航线而导致触礁沉没。1728 年，英国的一位木匠就研制出了航海天文钟，使得导航技术上了一个新台阶。

趣味活动四：共建繁华港口

通过本篇的学习，我们了解了各种各样的船、美丽的港口、各种航标。今天让我们一起动手，建起我们心中繁华的港口。

活动要求：

（1）分发给每位同学一包彩泥。

（2）组长合理分工，组员用彩泥捏制各种各样的船，然后组合在一起建起我们心中繁华的港口。

（3）欣赏作品，分享收获，拍照留念。

第五篇 海洋科技与环保

DI WU PIAN

500 多年前，达·芬奇设计出一套潜水服，人们开始逐渐探索认知海洋。随着技术的发展和探测需求的推动，科技工作者不再局限于海表，而是想要深入深海进行连续长期的观测。在人类探索海洋的同时，保护海洋也成为了我们每个人的责任。

1. 声呐

真实的海底世界并不像摄影师们镜头下那样五彩缤纷，越接近深海区，越是漆黑一片。那么，海洋里的动物又是怎么看得见目标的呢？

答案是声音，像是在空中飞行的蝙蝠、鲸类动物等可以靠声波来判断定位目标，辨别距离和大小，这是它们彼此之间的交流方式，也是科学家用来研究声呐的模型。

鲸大脑中的细胞能够发送和接收超声波，这种细胞数目众多，分布在大脑中，帮助鲸在遨游大海时进行定位，遇到危险时发出求助或是一起逃跑的信息。

无论是几米以外的外直径为 0.2 毫米的金属丝、直径为 1 毫米的尼龙绳，还是几百米外的鱼群，都能被声呐灵敏的海豚发现。得益于灵敏的声呐，即使遮住海豚的眼睛，它们仍能在不碰到竹竿的情况下，在插满竹竿的水池中灵活游动。

（1）水下千里眼

我们经常可以看到大型船只的上方都有各种各样

的雷达在高速旋转，用以监视空中的危险。其实在水中也有“千里眼”，这就是声呐，用来监视来自水下的危险，尤其是水下的潜艇和鱼类。

那么声呐和我们所说的雷达有什么不同呢？声呐就是水下的雷达，雷达波是电磁波，它在水下传播时衰减速度快，而在空气中却不会，而在水中声音可以长距离地传播。声呐可以比较准确地探测到水下物体的位置。

（2）深海资源探测

声呐用于进行肉眼无法观察到的水底地下探测研究，得到的数据能用来绘制海底结构图。

（3）达·芬奇的发明

据说很早就有人趴在岸边倾听来自远方轮船的声音。达·芬奇发明了一种管子，他将管子一头浸入水中，另一头贴着耳朵，就可以通过传来的声音辨别远处船只的方位和距离。

（4）倒车雷达

普通的汽车倒车雷达其实应该叫倒车声呐，因为它是靠超声波而不是电磁波来做介质确定距离的。

▲蝙蝠在飞行中捕食就是利用了回声定位原理进行的。

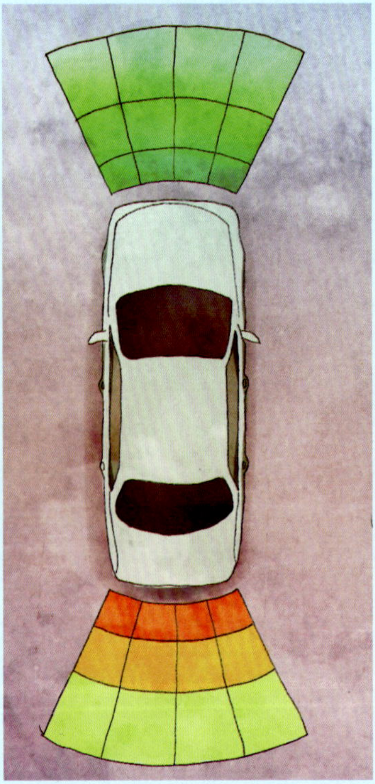

2. 海洋污染与海洋保护

海洋是拥有很多生物和矿产资源的“聚宝盆”，但是随着环境的污染，这个“聚宝盆”变得越来越像装有废弃物的“仓库”。

（1）巨大的“垃圾桶”

工业生产过程中的废弃物含有很多重金属元素，例如铜、汞、铅等，它们大多在港口和工业城市附近被发现，长期危害海洋生物的健康，是主要的海洋污染物。另一种威胁海洋生物的是遗弃在海洋上的垃圾。

（2）油污染

鸟类的栖息地被破坏、污染，鸟类大量死亡、无家可归，这些都是海洋石油泄露可能会带来的灾难性后果。因此，发生石油污染时，要对其妥善处理，正确的方法是将浮油阻隔，利用“围油栏”减少和防止石油的漂流和扩散。

每年，都有数以百万计的海洋生物因为海滩上数量巨大的垃圾丧生，造成了非常严重的后果。

▲美丽的海滩上最不和谐的“音符”就是被游客随意丢弃的垃圾。

赤潮的发生：赤潮是由于海水中氮和磷含量丰富的污染沉积物富营养化引发的。

▲景色宜人的美国佛罗里达州三面临海。然而，近年来随着沿海地区的过度开发，大量含有氮、磷的化

合物排入海中，使有毒藻大量繁殖。之前10年发生一次的赤潮现象现在几乎每年都会发生。

（3）海洋资源保护区

近年来，为了保护环境，海洋生态系统保护区、濒危珍稀物种保护区、自然历史遗迹保护区、特殊自然景观保护区以及海洋环境保护区等在沿海国家和地区相继建立。

▲让我们一起行动起来，关注和保护海洋吧。

3. 海洋调查

人们可以通过海洋调查来了解和掌握海洋环境要素，从而揭开海洋的神秘面纱。从20世纪70年代开始，海洋调查逐步形成特定海域里包括卫星、飞机、调查船、海洋站和检测浮标等先进技术的立体观测系统。让我们一起来揭开海洋神秘的面纱吧！

（1）“挑战者”号考察船

世界上第一次真正意义上的海洋科学考察就是由英国考察船“挑战者”号在1872—1876年进行的。在

6.9 万海里的航程中，科学家们收集了大量的大洋观测资料，形成了海洋科学诸多先进的考察方法，这些知识随着科学的进步发展，形成了海洋科学的各个分支。

（2）海洋遥感

海洋遥感是指利用一种技术手段，例如自然可见光、红外线、微波和激光等，从高空探测海洋环境，监测海洋水色、海洋温度、海流、海浪和海岸等。

海洋遥感一般分为两类：一是海洋遥感技术，它利用飞机作为工作平台；另一类是以海洋遥感卫星、气象卫星等人造卫星作为工作平台的航天遥感技术。

（3）深潜器

深潜器是用于深海调查的潜水艇，人类掌握深潜技术已有上百年的历史。

1953 年，瑞士海洋学家奥古斯特·皮卡德发明的“的里雅斯特”号深潜器首次下水，1958 年被美国海军购买。1960 年，它创下了下潜 1 万米的纪录。

目前，世界上下潜最深的作业型载人潜水器是由我国自主研发集成设计的蛟龙号载人潜水器，其作业区域下至 7062.68 米的下潜深度，可以覆盖全球 99.8% 的海洋区域。

（4）忠实的“情报员”

海洋监测浮标称为“无人浮标站”，是海洋科学家们最忠实的“情报员”。

趣味活动五：我是海洋守护者

活动要求：

（1）守护海洋小建议

蓝色的海洋是与人类生命息息相关的资源“聚宝盆”，但现在却有逐渐变成废物仓库的趋势。让我们都来做海洋的守护者，快来写一封保护海洋的建议书吧！

（2）护海行动

和身边的人分享你的守护海洋的小建议，呼吁身边的人一起守护海洋。行动起来，让我们的海洋永远蔚蓝、永远美丽！